U0248426

机械制图

沈阳技师学院退役士兵职业技能培训教材编写办公室

主　编：蔡云珍　李铁军

　　　　曲　弘　石　伟

副主编：徐海澜　张薇薇

主　审：陆长元　胡少荃

策　划：葛　政　王金堂　周彦杰

知识产权出版社

全国百佳图书出版单位

内容提要

　　本教材是根据退役士兵职业技能培训机械专业教学的需要,以短期培养应用型技能人才为宗旨,根据退役士兵培训学员自身特点,将机械制图知识进行了科学的整合,恰当处理了以往机械制图培训教材中"繁难偏旧"的知识,有效的解决了退役士兵职业技能培训学员应知应会机械制图知识的问题。本教材内容涵盖了机械制图与投影基础知识;点、线、面的投影及几何体表面上点的投影;截割与相贯及轴测图;组合体的视图;机械图样的常用表达方法;标准件与常用件;零件与部分的表达;机械图样的识读。每章规定了相应的教学目标、案例导入、问题探究、能力构建等。

　　本教材专供退役士兵职业技能培训的机械加工、汽车运用与维修、数控等专业的教学使用。

责任编辑:荆成恭

图书在版编目(CIP)数据

机械制图/蔡云珍等主编. —北京:知识产权出版社,2012.9
ISBN 978-7-5130-1468-7
Ⅰ.①机… Ⅱ.①蔡… Ⅲ.①机械制图 Ⅳ.①TH126
中国版本图书馆 CIP 数据核字 (2012) 第 197479 号

机械制图
JIXIEZHITU

蔡云珍 李铁军
曲　弘 石　伟　　主编

出版发行:知识产权出版社

社　　址:北京市海淀区马甸南村 1 号	邮　　编:100088
网　　址:http://www.ipph.cn	邮　　箱:bjb@cnipr.com
发行电话:010-82000893	传　　真:010-82000860 转 8240
责编电话:010-82000860 转 8341	责编邮箱:jingchenggong@cnipr.com
印　　刷:北京富生印刷厂	经　　销:新华书店及相关销售网点
开　　本:787mm×1092mm　1/16	印　　张:11.5
版　　次:2012 年 9 月第 1 版	印　　次:2012 年 9 月第 1 次印刷
字　　数:280 千字	定　　价:24.00 元

ISBN 978-7-5130-1468-7/TH·004 (3593)

前　言

　　近年来，党和政府高度重视退役士兵职业技能培训与就业安置工作。2010 年，国务院、中央军委下发了《关于加强退役士兵职业教育和技能培训工作的通知》，各省、市安置办积极组织广大退役士兵到退役士兵定点培训机构接受职业技能培训，这是我国深化退役士兵安置改革的一大创举，是为全国经济社会发展注入新动力的一大举措，是一项利国利军利民的德政工程和民心工程。

　　辽宁省退伍退休军人安置办公室于 2007 年将沈阳技师学院确立为辽宁省退役士兵职业技能培训基地。六年多来，沈阳技师学院在开展退役士兵职业技能培训工作中，坚持以退役士兵培训学员为主体，以就业为导向，以培养应用型技能人才为根本任务，规范理论和实训操作教学的全过程。在多年的培训工作实践中，通过严格规范教学管理、注重培养退役士兵学员的专业技能水平，促进了退役士兵学员就业安置工作质量的提升，使我省退役士兵培训规模逐年扩大，推动了退役士兵职业技能培训工作持续健康发展。

　　为巩固和发展退役士兵职业技能培训的教学工作成果，使得更多的退役士兵学员能在有限时间内，尽快掌握一门实实在在的专业技术技能，我们组织有关职业教育研究人员、一线教师和行业专家在广泛调研的基础上，以实用性技能为基础、以课程改革为突破点，开发了这套退役士兵职业技能培训教材，主要包括《机械制图》、《机械技术》、《电工电子技术》、《控制技术》、《计算机实用基础》、《实用烹饪技术》、《焊接技术》、《汽车维修操作技术》等。整套教材完全采用模块化的方式编写，对理论教学内容中"繁难偏旧"的专业知识进行了恰当处理，增强教材的实用性，同时在部分课程中引入实训环节，增加退役士兵学员运用理论知识的能力，每门课程都制定了详细的教学计划，各模块都规定了相应的学时安排、学习目标和教学要求，具有良好的教学操作性。

　　作为辽宁省退役士兵职业技能培训基地的沈阳技师学院，在今后工作实践中，要进一步完善退役士兵职业技能培训教材的研发工作，全面提升培训工作质量，增强退役士兵的就业能力，以最优质的培训成果，把退役士兵学员（最可爱的人）培养成最有作为的人。

沈阳技师学院退役士兵职业技能培训教材编写办公室

目　　录

第一章 机械制图与投影基础知识

教学目标

1. 通过学习国家标准《机械制图》的有关规定和绘图工具的使用方法，能够绘制简单的平面图形。
2. 通过学习正投影法的基本原理，明确三视图的画法。

实例导入

如图 1—1 所示为一连接板的平面图形，要完成此平面图形的绘制工作，需要掌握圆弧的画法、圆弧连接的画法及尺寸标注的方法等。此模块就是要学习国家标准《机械制图》的有关规定、平面图形的绘制方法以及三视图的画法。

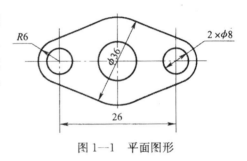

图 1—1 平面图形

问题探究

绘制一张零件图需要掌握哪些基础知识？

能力构建

第一节 机械制图基本知识

一、绘图工具及其使用方法

绘制工程图样有三种方法，即尺规绘图、徒手绘图和计算机绘图。尺规绘图是徒手绘图和计算机绘图的基础。具备了尺规绘图的能力，就为徒手绘图和计算机绘图奠定了良好的基础。尺规绘图是借助于丁字尺、三角板、圆规、分规等绘图工具和仪器进行手工操作的一种绘图方法。要保证绘图的质量和速度，必须养成正确使用绘图工具和绘图仪器的良好习惯。本节主要学习常用绘图工具的使用方法。

1. 图板

图板是用做绘图的垫板。板面要平整、光滑，其左边作为导边，必须平直。使用时，要注意板面和工作边完好无损，防止受潮和受热变形。如图 1—2 所示为图板、丁字尺和三角板配合使用。

2. 丁字尺

丁字尺由尺头和尺身两部分组成，它主要用来画水平线。使用时，用手扶住尺头，并使尺头的工作边紧靠图板的工作边（左边），上下移动丁字尺到画线位置，然后将左手移动到画线部位压住尺身，右手握笔，沿丁字尺工作边自左向右画水平线，如图1—3所示。

3. 三角板

一副三角板由45°以及30°和60°三角板各一块组成。三角板与丁字尺配合使用，可以画水平线的垂直线，如图1—4a所示。画线时，将三角板的一条直角边紧靠丁字尺尺身的工作边，另一条直角边置于左侧，左右移动三角板至画线位置，自下而上沿三角板左边画出垂直线。三角板与丁字尺配合使用时，可画出与水平线成15°倍数角的斜线。如图1—4b所示为三角板与丁字尺配合使用画与水平线成15°，45°，60°，75°的斜线。

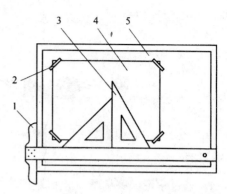

图1—2 图板、丁字尺和三角板配合使用
1—丁字尺 2—胶带纸 3—三角板
4—图纸 5—图板

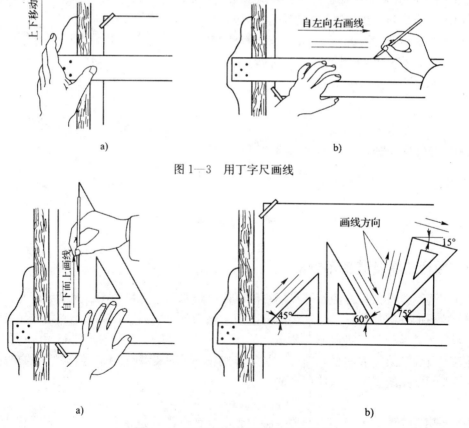

图1—3 用丁字尺画线

图1—4 画垂直线和15°倍数角的斜线

4. 圆规与分规

（1）圆规

圆规用来画圆和圆弧。圆规的一腿装有小钢针，用来定圆心；另一腿装上铅芯插脚或钢针（作为分规用），如图 1—5a 所示。画图时，将钢针插入图板后转动圆规手柄，均匀地沿顺时针方向一笔将所要绘制的圆或圆弧画出，如图 1—5b 所示。

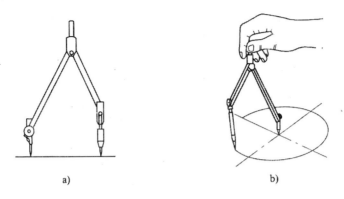

图 1—5　用圆规画圆和圆弧

（2）分规

分规用来量取尺寸（见图 1—6a）和等分线段（见图 1—6b）。用分规等分直线段的方法同样也可用于等分圆弧。

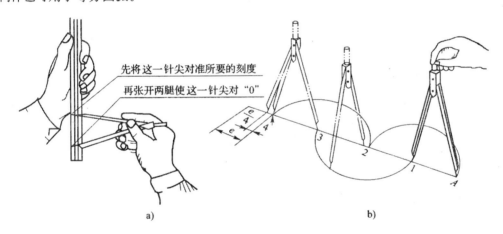

图 1—6　用分规量取尺寸和等分线段

5. 铅笔

绘图铅笔用"B""H"代表铅芯的软硬程度。"H"表示硬性铅笔，H 前面的数字越大，表示铅芯越硬（绘制的图线颜色越浅）。"B"表示软性铅笔，B 前面的数字越大，表示铅芯越软（绘制的图线颜色越深、越黑）。"HB"表示铅芯软硬适中。画粗线时常用 B 或 HB 的铅笔，写字时常用 HB 或 H 的铅笔，画细线时用 H 或 2H 的铅笔。铅笔的削法如图 1—7 所示。应注意画粗线、细线时笔尖形式的区别。

除了上述工具外，绘图时还要备有削铅笔的小刀、磨铅笔的砂纸、固定图纸用的胶带纸以及橡皮等。有时为了画非圆曲线，还要用到曲线板。如果需要描图，还要用直线笔（俗称鸭嘴笔）或针管笔。这些工具因为不经常使用，所以这里就不做详细介绍了。

6. 绘图纸

绘图纸要求质地坚实，用橡皮擦拭时不易起毛，并符合国家标准规定的尺寸。固定图纸

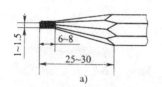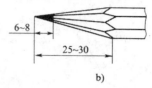

图 1—7　铅笔的削法

a) 画粗线的笔　　b) 画细线的笔

时应将图纸置于图板的左下方，并使图纸的上图框与丁字尺尺身的工作边密合摆正。然后将图纸摊平，四角用胶带纸固定在图板上，如图 1—2 所示。

二、制图类国家标准《机械制图》的有关规定

技术图样是产品设计、制造、安装、检测等过程中的重要技术资料，是信息交流的重要工具。为了正确地绘制和阅读机械图样，必须熟悉和掌握有关机械制图的国家标准和规定。我国于 1959 年制定了国家标准《机械制图》，经过几次修订，现行有效的国家标准汇编《机械制图卷》是 2007 年修订的。

我国国家标准（简称国标）的代号是"GB"，它是由"国标"的汉语拼音的第一个字母"G"和"B"组成的。

国家标准《机械制图》和《技术制图》对图样的内容、格式、尺寸注法和表达方法等都做了统一的规定。本节将摘要介绍其中的图纸幅面、比例、字体、图线、尺寸标注等有关规定。

1. 图纸幅面和格式 （GB/T 14689—93）

为了便于图纸的使用和保管，国家标准对图纸幅面尺寸、图框格式、标题栏的位置等都做了统一规定。

（1）图纸幅面

绘制图样时，应优先选用表 1—1 中规定的图纸基本幅面及尺寸。其中 A0 幅面最大，面积约为 1 m²，长、短边之比为 $\sqrt{2}$∶1，其余各种图纸中后一号幅面为前一号幅面的一半（以长边对折裁开）。必要时，也允许选用加长幅面，但加长后的幅面尺寸必须由基本幅面的短边成整数倍增加后得出。

表 1—1　　　　　　　　　　　图纸基本幅面及尺寸　　　　　　　　　　　　　　mm

图幅代号	A0	A1	A2	A3	A4
尺寸 $B×L$	841×1 189	594×841	420×594	297×420	210×297
e	20			10	
c	10			5	
a	25				

（2）图框格式

图框线用粗实线绘制，不需要装订的图样，其格式如图 1—8a 所示，它四周的边距均为 e。需装订的图样，其图框格式如图 1—8b 所示，装订边宽度 a 和边距 c 可以根据图纸幅面的大小由表 1—1 查出。

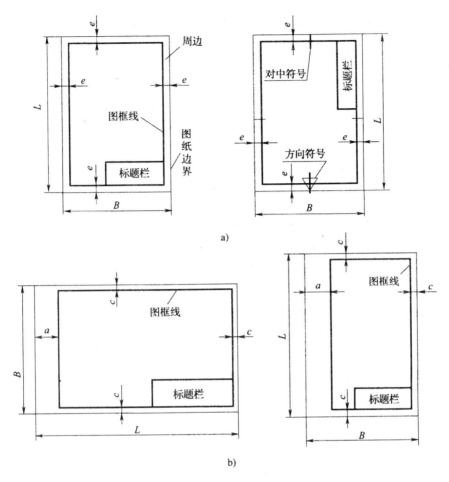

图 1—8 图框的格式

a) 不留装订边   b) 留有装订边

（3）标题栏

在每一张技术图样上均需要画出标题栏。标题栏的位置在图框的右下角。标题栏的内容格式及尺寸如图 1—9 所示，也可查阅国家标准（GB/T 10609.1—89）。

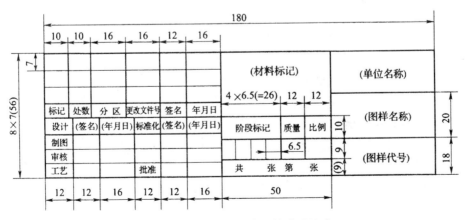

图 1—9   标题栏的内容、格式及尺寸

学校制图作业中零件图的标题栏，推荐用如图1—10所示的简化的标题栏格式。

图1—10　简化的标题栏格式

2. 比例（GB/T 14690—93）

比例是图样中图形与其实物相应要素的线性尺寸之比。

为了使图形能直接反映机件的真实大小，绘图时，要尽可能按机件的实际大小（即原值比例）绘制。如果机件太大或太小，就采用缩小或放大比例绘制，绘图比例见表1—2。标注尺寸时必须标注出设计要求的机件实际尺寸大小。比例的标注如图1—11所示，按不同的比例画图，图形大小不同，但是所标注的都是设计尺寸。

表1—2　　　　　　　　　　　　　　　　　　　绘图比例

原值比例	1 : 1				
放大比例	$2 : 1$	$5 : 1$	$1 \times 10^n : 1$	$2 \times 10^n : 1$	$5 \times 10^n : 1$
	$(2.5 : 1)$	$(4 : 1)$	$(2.5 \times 10^n : 1)$	$(4 \times 10^n : 1)$	
缩小比例	$1 : 2$	$1 : 5$	$1 : 1 \times 10^n$	$1 : 2 \times 10^n$	$1 : 5 \times 10^n$
	$(1 : 1.5)$	$(1 : 2.5)$	$(1 : 3)$	$(1 : 4)$	$(1 : 6)$
	$(1 : 1.5 \times 10^n)$	$(1 : 2.5 \times 10^n)$	$(1 : 3 \times 10^n)$	$(1 : 4 \times 10^n)$	$(1 : 6 \times 10^n)$

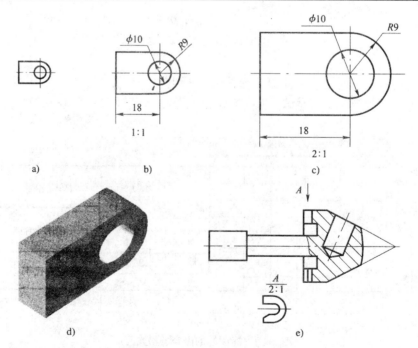

图1—11　比例的标注

如果图形采用同一比例就在标题栏中统一标注,否则要另行标注,如图1—11e所示。图样中所标注的尺寸是机件的真实大小,与比例无关。

3. 字体(GB/T 14691—93)

在图样中书写汉字、数字和字母时,必须做到:字体工整、笔画清楚、间隔均匀、排列整齐。字体的号数即字体的高度 h,分为20、14、10、7、5、3.5、2.5 和 1.8 mm 共八种。

(1)汉字

汉字应写成长仿宋体,字宽是字高的0.7倍,汉字的高度应不小于3.5 mm,并采用中华人民共和国国务院正式发布推行的《汉字简化方案》中规定的简化字。

(2)数字和字母

数字和字母可写成斜体或直体。斜体字字头向右倾斜,与水平基准线成75°。

字母和数字分 A 型和 B 型两种,A 型字体笔画的宽度为 $h/14$,B 型字体笔画的宽度为 $h/10$。建议采用 B 型字体。

长仿宋体汉字示例:

字体工整笔画清楚间隔均匀排列整齐

横平竖直注意起落结构均匀填满方格

技术要求机械制图电子汽车航空飞机计算机

螺纹齿轮弹簧离合器轴承装配图零件图标准件常用件

B 型斜体字示例:

4. 图线(GB/T 17450—1998 和 GB/T 4457.4—2002)

工程图样是用不同形式的图线画成的。为了便于绘图和看图,国家标准规定了图线的名称、形式、尺寸、一般应用及画法规则等。

(1)线型及应用

国家标准《技术制图 图线》(GB/T 17450—1998)中规定了绘制各种技术图样的基本线型、基本线型的变形及其相互组合,它们适用于各种技术图样。国家标准《机械制图 图

样画法 图线》（GB/T 4457.4—2002）中规定的 7 类线型是目前机械制图使用的图线标准，常见的图线及应用举例见表 1—3。如图 1—12 所示为图线应用实例。

表 1—3　　　　　　　　　　　　　常见的图线及应用举例

代号	线　型	名称	应　用
01.2	——————————	粗实线	1. 可见轮廓线 2. 剖切轮廓用线
01.1	————————	细实线	1. 尺寸线 2. 尺寸界线 3. 指引线和基准线 4. 剖面线 5. 重合断面的轮廓线
	∿∿∿∿∿	波浪线	断裂处边界线；视图与剖视图的分界线
	∿╱╲∿	双折线	断裂处边界线；视图与剖视图的分界线
02.1	≈1　　4~6 - - - - -	细虚线	不可见轮廓线
02.2	━ ━ ━ ━ ━	粗虚线	允许表面处理的表示线
04.1	≈3　　15~30 —·—·—·—	细点画线	1. 轴线 2. 对称中心线
04.2	━·━·━·━	粗点画线	限定范围表示线
05.1	≈5　　15~20 —··—··—	细双点画线	1. 相邻辅助零件的轮廓线 2. 可动零件的极限位置的轮廓线 3. 成形前轮廓线

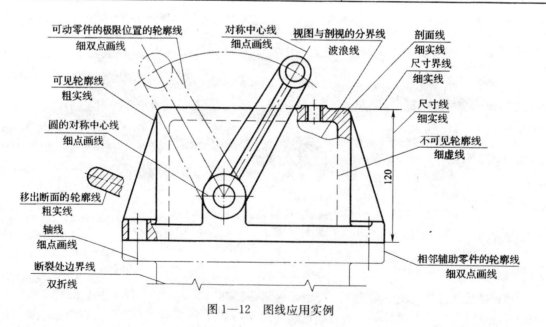

图 1—12　图线应用实例

（2）图线的尺寸

图线的宽度应按图样的类型和尺寸大小来选择。机械图样中图线分为粗、细两种，粗线宽度为 d，细线宽度约为 $d/2$。图线宽度的推荐系列为 0.13，0.18，0.25，0.35，0.5，0.7，1，1.4 和 2 mm。

在同一图样中同类图线的宽度应基本一致，虚线、点画线及细双点画线的线段长度和间隔应各自大致相等。

（3）图线的画法

1）图线之间相交、相切都应以线段相交或相切，而不应该以点或间隔相交，如图 1—13 所示为图线的画法示例。

2）虚线在实线的延长线上时，虚线与实线之间应留有间隔，如图 1—13 所示。

3）实际绘图时，图线的首、末端应该是线段，而不是点。点画线的两端应超出轮廓线 2～5 mm。

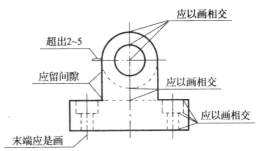

图 1—13　图线的画法示例

4）画圆的中心线时，圆心应是线段的交点，当圆较小时允许用细实线代替点画线。

若各种图线重合，应按粗实线、细实线、点画线、虚线的先后顺序选用线型。

5. 尺寸标注（GB/T 4458.4—2003）

图形只能表示机件的形状，而其大小则要由尺寸表示，因此尺寸标注十分重要。标注尺寸时，应严格遵守国家标准有关尺寸注法的规定，做到正确、齐全、清晰、合理。

（1）标注尺寸的基本规则

1）机件的真实大小应以图样上所注的尺寸数值为依据，与图形的大小及绘图的准确度无关。

2）图样中（包括技术要求和其他说明）的尺寸，以 mm（毫米）为单位时，不需要标注计量单位的代号或名称，如采用其他单位，则必须注明相应的计量单位的代号或名称，如45 度 30 分应写成 $45°30'$。

3）图样中所标注的尺寸为该图样所示机件的最后完工尺寸，否则应另加说明。

4）机件的每一尺寸一般只标注一次，并应标注在反映该结构最清楚的图形上。

（2）标注尺寸的要素

一个完整的尺寸一般由尺寸界线、尺寸线和尺寸数字组成，如图 1—14 所示为标注尺寸的三要素。

1）尺寸界线　尺寸界线用来表示所注尺寸的起始和终止位置。尺寸界线用细实线绘制，并应由图形的轮廓线、轴线或对称中心线处引出，也可利用轮廓线、轴线或对称中心线作为尺寸界线。尺寸界线一般应与尺寸线垂直，并超出尺寸线 2～5 mm。有特殊需要时，尺寸界线可画成与尺寸线成适当的角度，此时尺寸界线应尽可能画成与尺寸线成 60°角，其画法如图 1—15 所示。

2）尺寸线　尺寸线用细实线绘制，用来表示度量尺寸的方向，尺寸线必须画在两尺寸界线之间，不能用其他图线代替，也不得与其他图线重合或画在其延长线上。标注线性尺寸时，尺寸线必须与所注的线段平行；当有几条互相平行的尺寸线时，大的尺寸线要注在小的

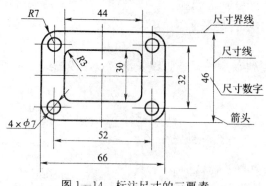

图1—14　标注尺寸的三要素

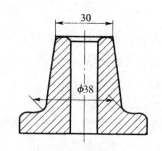

图1—15　尺寸界线的画法

尺寸线的外面。在圆或圆弧上标注直径或半径时，尺寸线应通过圆心或其延长线应通过圆心。

　　尺寸线的终端有两种形式，即箭头和斜线。在机械图样中常采用箭头形式，斜线终端形式主要用于建筑图样。圆的直径、圆弧的半径及角度的尺寸线的终端应画成箭头。

　　3）尺寸数字　线性尺寸数字一般注写在尺寸线的上方，也允许注写在尺寸线的中断处。在同一图样上，尺寸数字的注法应一致。线性尺寸的标注方法如图1—16所示。注写线性尺寸数字时，如尺寸线为水平方向，尺寸数字规定由左向右书写，字头向上；如尺寸线为竖直方向，尺寸数字由下向上书写，字头向左；在倾斜的尺寸线上注写尺寸数字时，必须使字头方向有向上的趋势，如图1—16a所示。

　　尺寸数字不可被任何图线所通过，当无法避免时，必须将该处图线断开。并尽可能避免在图示30°范围内标注尺寸（见图1—16a），当无法避免时，可按图1—16b所示的形式标注。其他小尺寸的标注方法如图1—16c所示。

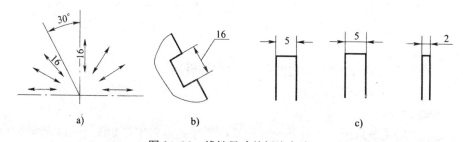

图1—16　线性尺寸的标注方法

　　角度尺寸的尺寸界线应沿着径向引出，尺寸线是以角度的顶点为圆心画出的圆弧。角度的数字应水平书写，一般注写在尺寸线的中断处，必要时也可注写在尺寸线的上方或外侧。角度较小时也可以用指引线引出标注。角度尺寸必须注写单位，其标注方法如图1—17所示。

　　标注圆及圆弧的尺寸时，一般可将轮廓线作为尺寸界线，尺寸线或其延长线要通过圆心。大于半圆的圆弧标注直径，在尺寸数字前加注符号"ϕ"；小于和等于半圆的圆弧标注半径，在尺寸数字前加注"R"。没有足够的空间时，尺寸数字也可以注写在尺寸界线的外侧或引出标注，其标注方法如图1—18所示。

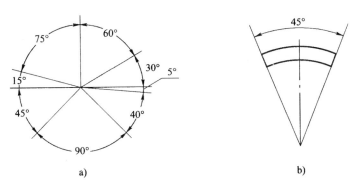

图 1—17　角度尺寸的标注方法

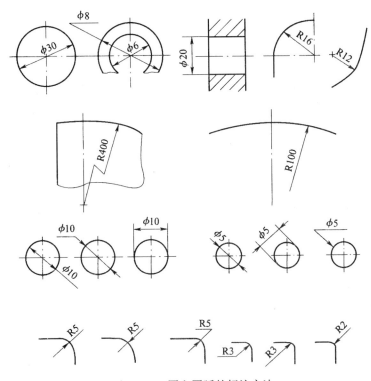

图 1—18　圆和圆弧的标注方法

三、常用几何图形的画法

机件的轮廓形状虽然各不相同，但分析起来都是由直线、圆弧或其他曲线所组成的几何图形，因此，必须掌握机械制图中的一些常用几何图形的作图方法。

1. 作平行线和垂直线

用两块三角板可以过定点作已知直线的平行线（见图 1—19a）和垂直线（见图 1—19b）。

2. 等分圆周及作圆的内接正多边形

（1）六等分圆周及作圆的内接正六边形

1）用圆规等分圆周及作圆的内接正六边形，如图 1—20a 所示。

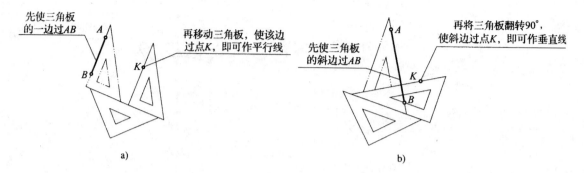

图 1—19　用三角板画平行线和垂直线

2）用丁字尺和三角板六等分圆周及作圆的内接正六边形，如图 1—20b，c 所示。

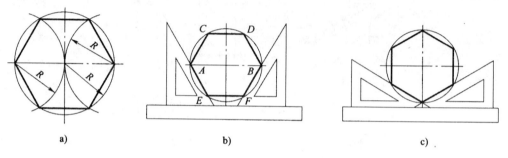

图 1—20　六等分圆周及作圆的内接正六边形

（2）五等分圆周及作圆的内接正五边形

如图 1—21 所示，圆 O 交对称中心线于 A，B，C，D 四点。作 OB 的垂直平分线，交 OB 于 E 点，即 OB 的中点；以 E 为圆心，EC 为半径画弧，交 OA 于 F 点；以 CF 为边长，将圆周五等分，顺次连接五个等分点即可作出圆的内接正五边形。

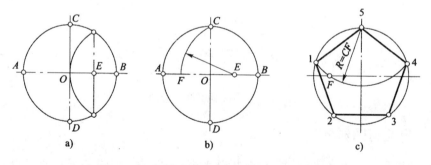

图 1—21　五等分圆周及作圆的内接正五边形

3．斜度和锥度

（1）斜度

斜度是指一直线（或平面）相对于另一直线（或平面）的倾斜程度。斜度的大小就是这两条直线夹角的正切值。在图样中常用 1∶n 的形式来表示斜度的大小，如图 1—22a 所示。在图样中，斜度常用斜度符号及斜度值来表示。斜度符号"∠"的方向与斜度的方向一致。斜度的画法如图 1—22b，c 所示。

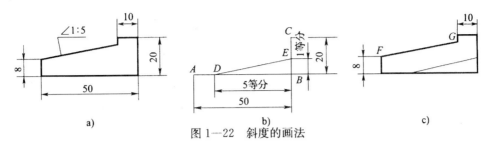

图 1—22 斜度的画法

（2）锥度

锥度是指正圆锥底圆直径与其高度之比，或正圆台的两底圆直径差与其高度之比，如图 1—23a 所示。锥度的大小就是圆锥素线与轴线夹角的正切值的两倍。锥度也要以 $1:n$ 的形式来表示，并在前面加注锥度符号，其方向与锥度的方向一致。锥度的画法如图 1—23b 所示。

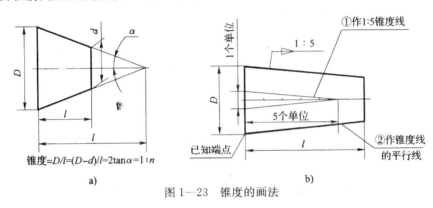

锥度 $= D/l = (D-d)/l = 2\tan\alpha = 1:n$

图 1—23 锥度的画法

4. 圆弧连接

用一段圆弧光滑地连接两条已知线段（直线或圆弧）的作图方法称为圆弧连接。要保证圆弧光滑连接，就必须使连接圆弧与被连接线段在连接处相切，作图时应先求作连接圆弧的圆心，并确定连接圆弧与已知线段的切点（即连接点），然后再在两个切点间画弧。

（1）直线与直线间的圆弧连接

直线与直线之间圆弧连接的作图步骤如图 1—24 所示。

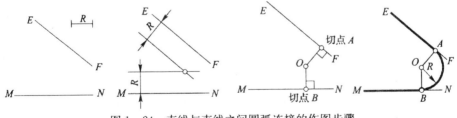

图 1—24 直线与直线之间圆弧连接的作图步骤

（2）直线与圆弧间的圆弧连接

直线与圆弧之间圆弧连接的作图步骤如图 1—25 所示。

（3）圆弧与圆弧间的圆弧连接

圆弧外连接两已知圆弧的作图步骤如图 1—26 所示。

圆弧内连接两已知圆弧的作图步骤如图 1—27 所示。

圆弧内、外连接两已知圆弧的作图步骤如图 1—28 所示。

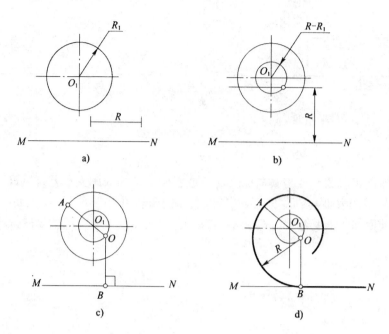

图 1—25　直线与圆弧之间圆弧连接的作图步骤

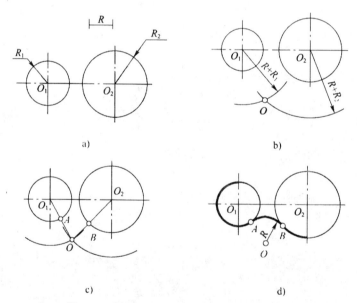

图 1—26　圆弧外连接两已知圆弧的作图步骤

5. 椭圆的近似画法

如图 1—29 所示为已知椭圆的长、短轴，用四心法画椭圆，其作图步骤如下：

（1）画出长轴 AB 和短轴 CD，AB 和 CD 交于 O 点。连接 AC，在 AC 上截取 $CE=AO-CO$，即以 C 为圆心，以长半轴与短半轴长度之差为半径画弧，交 AC 于 E 点，如图 1—29a所示。

（2）作 AE 的垂直平分线，分别与长轴及短轴的延长线交于 O_3 和 O_1 点，并作出其对称点 O_4 和 O_2，如图 1—29b 所示。

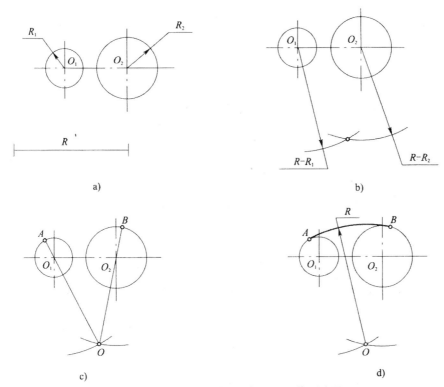

a)

b)

c)

d)

图 1—27　圆弧内连接两已知圆弧的作图步骤

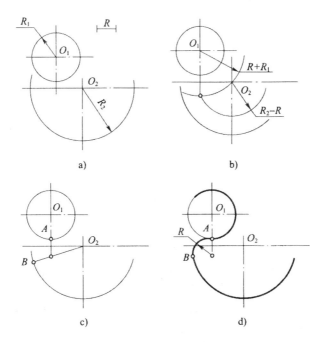

a)

b)

c)

d)

图 1—28　圆弧内、外连接两已知圆弧的作图步骤

（3）分别以 O_1 和 O_2 为圆心，$O_1 C$ 为半径画大弧；以 O_3 和 O_4 为圆心，$O_3 A$ 为半径画小弧（大、小弧的切点在相应的连心线上），即得到椭圆，如图 1—29c 所示。

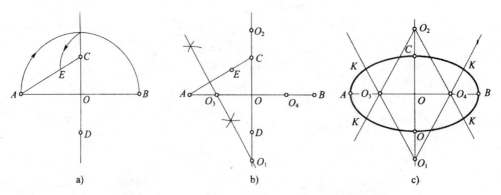

图 1—29　已知椭圆的长、短轴，用四心法画椭圆

四、平面图形的画法

画平面图形以前，首先要对图形进行尺寸分析和线段分析，以便明确作图顺序，正确、快速地画出平面图形并标注尺寸。

1. 尺寸分析

平面图形中的尺寸，按其作用不同可分为以下两类：

（1）定形尺寸

确定平面图形中各线段长度、圆的直径、圆弧的半径以及角度大小等的尺寸称为定形尺寸。如图 1—30 所示为手柄的平面图形，图中的 15，ϕ20，ϕ5，R15 和 R12 mm 等为定形尺寸。

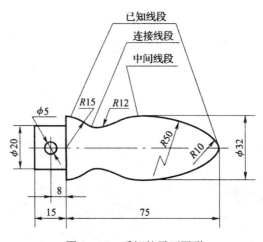

图 1—30　手柄的平面图形

（2）定位尺寸

确定平面图形中线段或各组成部分间相对位置的尺寸称为定位尺寸，如图 1—30 中的 8 mm 是确定 ϕ5 mm 孔位置的尺寸。有时，同一个尺寸既是定形尺寸又是定位尺寸，在图 1—30 中，尺寸 75 mm 既是决定手柄长度的定形尺寸，又是 R10 mm 的定位尺寸。

标注平面图形的定位尺寸时，首先要确定标注尺寸的起始位置，标注尺寸的起点称为尺寸基准。平面图形的尺寸有水平和垂直两个方向，每一个方向均须确定尺寸基准。通常以对称线、较长的直线或圆的中心线作为尺寸基准。

2. 线段分析

平面图形中的线段，根据其定位尺寸的完整性不同，可分为以下三类：

（1）已知线段

定形尺寸和定位尺寸都齐全的线段称为已知线段。具有圆弧半径或直径大小以及圆心的两个定位尺寸的圆弧称为已知圆弧，如图1—30中R15 mm和R10 mm的圆弧。已知线段根据所给的尺寸能够直接画出。

（2）中间线段

定形尺寸齐全、定位尺寸不齐全的线段称为中间线段。具有圆弧半径或直径大小以及圆心的一个定位尺寸的圆弧称为中间圆弧，如图1—30中R50 mm的圆弧。中间线段需要作出一端的相邻线段后才能作出。

（3）连接线段

只有定形尺寸、没有定位尺寸的线段称为连接线段。只有圆弧半径或直径尺寸，没有圆心的定位尺寸的圆弧称为连接圆弧，如图1—30中R12 mm的圆弧。连接线段需要作出两端相邻线段后才能作出。

画图时，应先画已知线段，再画中间线段，最后画连接线段。

手柄的作图步骤如图1—31所示。

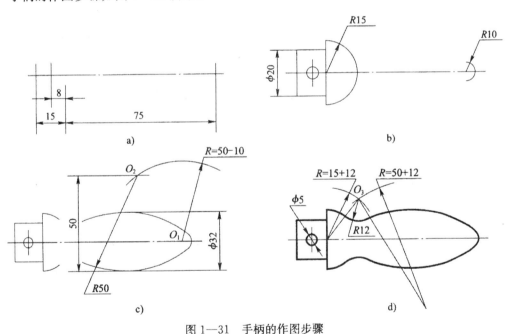

图1—31　手柄的作图步骤

第二节　投 影 基 础

一、投影法的基本知识

1. 投影的概念

物体在光线的照射下，会在地面或墙上产生影子，根据这种自然现象，人们创造了投影的方法。

2. 投影法的分类

工程上常用的投影法分为中心投影法和平行投影法两类，如图1—32所示。

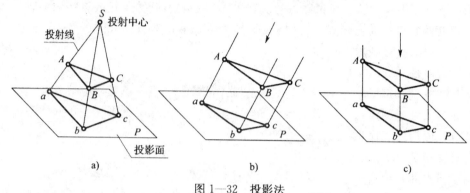

图1—32 投影法

a) 中心投影法 b)，c) 平行投影法

（1）中心投影法

如图1—32a所示，设 S 为投射中心，SA，SB，SC 为投射线，平面 P 为投影面。延长线 SA，SB，SC 与投影面 P 相交，交点 a，b，c 就是三角形的顶点 A，B，C 在平面 P 上的投影。由于投射线均从投射中心出发，所以这种投影法称为中心投影法。在日常生活中，照相、放映电影等均为中心投影法的应用实例。

（2）平行投影法

假设将投射中心移到无限远处时，所有的投射线互相平行，这种投影法称为平行投影法。根据投射线对投影面 P 的倾角不同，平行投影法又分为斜投影法和正投影法两种。

斜投影法——投射线与投影面倾斜的平行投影法，如图1—32b所示。

正投影法——投射线与投影面垂直的平行投影法，如图1—32c所示。

3. 工程上常用的投影图

（1）透视图

用中心投影法将物体投射到单一的投影面上所得到的图形称为透视图，如图1—33所示。透视图与人的视觉习惯相符，能体现近大远小的效果，所以形象逼真，具有强烈的立体感，但作图比较麻烦，且度量性差，常用于绘制机械零件或建筑的效果图。

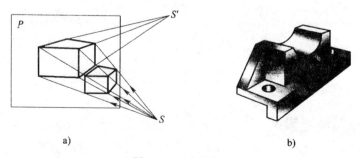

图1—33 透视图

（2）轴测图

用平行投影法将物体投射到单一投影面上所得的图形称为轴测图，如图 1—34 所示。物体上互相平行且长度相等的线段，在轴测图上仍互相平行且长度相等。轴测图虽然不符合近大远小的视觉习惯，但是具有很强的直观性，所以在工程上特别是机械图样中应用广泛。

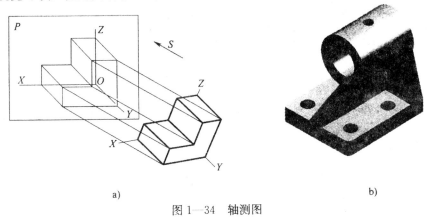

a)   b)

图 1—34　轴测图

（3）多面正投影图

由正投影法所得的图形称为正投影图，如图 1—35a 所示。

如图 1—35b 所示，用正投影法将物体分别投射到相互垂直的几个投影面上（如 V 面、H 面和 W 面），得到三个投影，然后将 H 面和 W 面旋转，使其与 V 面在一个平面内。这种用一组投影表达物体形状的图，称为多面正投影图，如图 1—35c 所示。

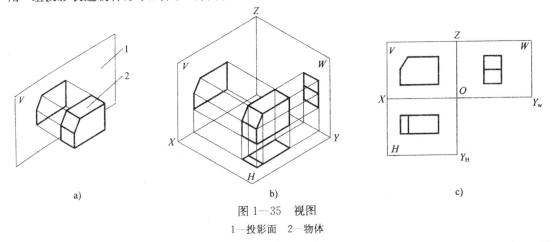

a)   b)   c)

图 1—35　视图
1—投影面　2—物体

正投影图直观性不强，但能正确反映物体的形状和大小，而且作图方便，度量性好，所以在工程上得到广泛的应用。

4. 正投影的基本特性

在正投影法中，由于物体上的直线段或平面与投影面的位置关系不同，其投影具有真实性、积聚性、类似性等特性，如图 1—36 所示。

（1）真实性

当直线或平面平行于投影面时，直线在该投影面上的投影反映实长，平面的投影反映真实形状，如图 1—36a 所示。

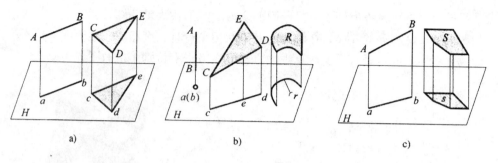

图 1—36　正投影的特性

a) 真实性　b) 积聚性　c) 类似性

（2）积聚性

当直线、平面或柱面垂直于投影面时，直线的投影积聚成一点，平面或柱面的投影积聚成直线或曲线，如图 1—36b 所示。

（3）类似性

当直线或平面倾斜于投影面时，直线或平面的投影仍为直线或平面，直线段的投影小于原来的长度。平面图形的投影小于真实图形的大小，但与真实图形是类似的几何图形。像这种原形与投影不相等也不相似，但两者边数、凹凸和曲直情况以及平行关系不变的性质称为类似性，如图 1—36c 所示。

二、三面投影的形成及投影规律

正投影法能准确地表达物体的形状，且度量性好，作图方便，所以在工程上得到广泛的应用。机械图样主要用正投影法绘制，以后除有特殊说明外，所述投影均指正投影。

1. 三投影面体系的建立

根据有关标准和规定，用正投影法绘制出物体的图形称为视图。正投影的方法如图 1—37所示，设有一直立的投影面，在投影面的前方放置一块垫块，并使垫块的前面与投影面平行，然后用一束互相平行的光线向投影面垂直投射，在投影面上得到的图形就称为该垫块的投影。

用正投影法在一个投影面上得到的一个视图，只能反映物体一个方向的形状，不能完全反映物体的形状。如图 1—37所示的垫块在投影面上的投影只能反映其前面的形状，而其顶面和侧面的形状无法反映出来。因此，要表示垫块完整的形状，就必须从几个方向进行投影，画出几个视图，通常用三个视图表示，如图 1—38c 所示。

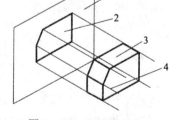

图 1—37　正投影的方法

1—投影面　2—投影
3—垫块　4—投射线

2. 三面投影的形成

三视图的形成如图 1—38 所示。首先将垫块由前向后向正投影面（简称正面，用 V 来表示）投影，在正面上得到一个视图，称为主视图，如图 1—38a 所示；然后再加一个与正面垂直的水平投影面（简称水平面，用 H 表示），并由垫块的上方向下投影，在水平面上得到第二个视图，称为俯视图，如图 1—38b 所示；再加一

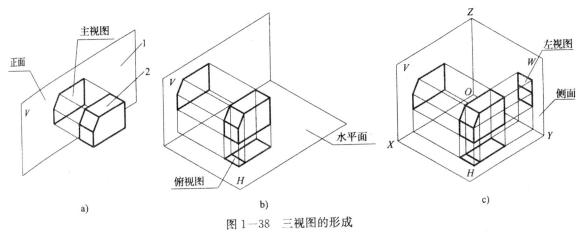

图 1—38 三视图的形成

个与正面和水平面均垂直的侧立投影面（简称侧面，用 W 表示），从垫块的左方向右投影，在侧面得到第三个视图，称为左视图，如图 1—38c 所示。显然，垫块的三个视图从三个不同的方向反映了它的形状。

三个相互垂直的投影面构成三面投影体系，每两个投影面的交线 OX，OY，OZ 称为投影轴，三个投影轴交于一点 O，称为原点。为了将垫块的三个视图画在一张纸上，必须将三个投影面展开到一个平面上。三视图的展开如图 1—39 所示。如图 1—39a 所示，规定正面不动，将水平面和侧面沿 OY 轴分开，并将水平面绕 OX 轴向下旋转 90°（随着水平面旋转的 OY 轴用 OY_H 表示），将侧面绕 OZ 轴向右旋转 90°（随着侧面旋转的 OY 轴用 OY_W 表示）。旋转后，俯视图在主视图的下方，左视图在主视图的右方。画三视图时不必画出投影面的边框，所以去掉边框后得到如图 1—39c 所示的三视图。

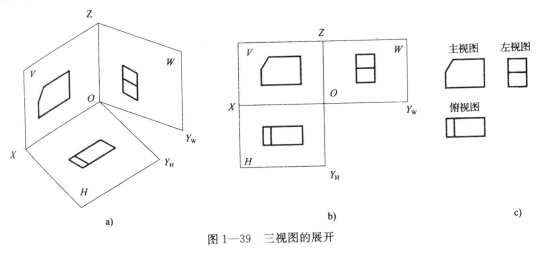

图 1—39 三视图的展开

3. 三视图的投影关系

物体有长、宽、高三个方向的大小。通常规定：物体左右之间的距离为长，前后之间的距离为宽，上下之间的距离为高。从图 1—38c 可以看出，一个视图只能反映物体两个方向的大小。如主视图反映垫块的长和高，俯视图反映垫块的长和宽，左视图反映垫块的宽和高。由上述三个投影面的展开过程可知，俯视图在主视图的下方，对应的长度相等，且左右两端对正，即主、俯视图相应部分的连线为互相平行的竖直线。同理，左视图与主视图高度相等且对齐，即主、左视图相应部分在同一条水平线上。左视图与俯视图均反映垫块的宽度，所以俯、左视图对应部分的宽度应相等。

根据上述三视图之间的投影关系，可以归纳为以下三条投影规律：

（1）主视图与俯视图反映物体的长度——长对正。

（2）主视图与左视图反映物体的高度——高平齐。

（3）俯视图与左视图反映物体的宽度——宽相等。

"长对正、高平齐、宽相等"的投影规律是三视图的重要特性，也是画图与读图的依据，如图1—40所示。

4. 三视图与物体方位的对应关系

三视图与物体方位的对应关系如图1—41所示。物体有上、下、左、右、前、后六个方位，其中：

主视图反映物体的上、下和左、右的相对位置关系。

俯视图反映物体的前、后和左、右的相对位置关系。

左视图反映物体的前、后和上、下的相对位置关系。

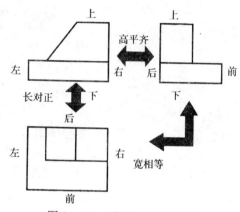

图1—40　三视图的投影规律

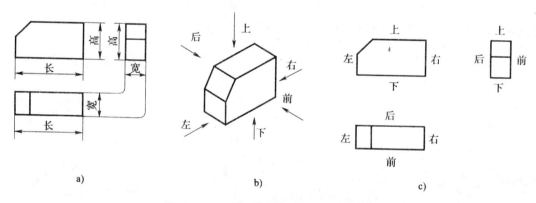

图1—41　三视图与物体方位的对应关系

画图和读图时，要特别注意俯视图与左视图的前后对应关系。在三个投影面的展开过程中，水平面向下旋转，原来向前的 OY 轴成为向下的 OY_H，即俯视图的下方实际上表示物体的前方，俯视图的上方则表示物体的后方；而侧面向右旋转时，原来向前的 OY 轴成为向右的 OY_W，即左视图的右方实际上表示物体的前方，左视图的左方则表示物体的后方。所以，物体的俯、左视图不仅宽度相等，还应保持前、后位置的对应关系。

画三视图的方法与步骤：

（1）分析物体。分析物体上的面、线与三个投影面的位置关系，再根据正投影特性判断其投影情况，然后综合得出各个视图。

（2）确定图幅和比例。根据物体上最大的长度、宽度和高度以及物体的复杂程度确定绘图的图幅和比例。

（3）选择主视图的投影方向。以最能反映物体的形状特征和位置特征，并且使三个视图虚线少的方向作为正投影方向。

（4）布图、画底图。画作图基准线、定位线，画三视图底图。从主视图画起，三个视图配合着画。

（5）检查、修改底图。

（6）加深图线，完成三视图。

自我评价

1. 按图 1—42 所示的要求绘制平面图形。

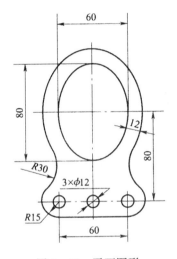

图 1—42　平面图形

2. 从你的生活中找一个长方体，然后画出该长方体的三视图。

第二章 点、线、面的投影及几何体表面上点的投影

教学目标

1. 学习点、线、面的投影。
2. 学习几何体视图的画法及基本几何体表面上点的投影。

实例导入

从你身边找一个长方体，如何作这个长方体的三面投影？长方体的各条棱线的投影有何规律？

问题探究

1. 空间的点、线、面的投影有哪些规律？
2. 几何体表面上的点、线、面的投影应如何求作？

能力构建

一、点、线、面的投影

任何平面立体的表面都包含点、直线和平面这些基本几何元素，要完整、准确地绘制物体的三视图，还必须进一步研究这些几何元素的投影特性和作图方法，这对今后画图和读图具有十分重要的意义。

1. 点的投影分析

（1）点的投影及标记

点是最基本的几何元素，下面分析如图 2—1 所示的空间点 A 的投影规律。

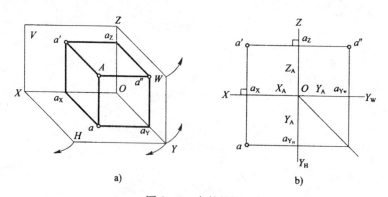

a)   b)

图 2—1 点的投影

如图 2—1a 所示，将点 A 分别向 H 面（水平面）、V 面（正面）和 W 面（侧面）投影，得到的投影分别为 a，a'，a''。这里规定：空间点用大写拉丁字母表示，如 S，A，B 等；H 面投影用相应的小写字母表示，如 s，a，b 等；V 面投影用相应的小写字母加一撇表示，如 s'，a'，b' 等；W 面投影用相应的小写字母加两撇表示，如 s''，a''，b'' 等。投影面展开后，得到如图 2—1b 所示的投影图。由投影图可以看出，点的投影有以下规律：

1）点的 V 面投影和 H 面投影的连线垂直于 OX 轴，即 $aa' \perp OX$。

2）点的 V 面投影和 W 面投影的连线垂直于 OZ 轴，即 $a'a'' \perp OZ$。

3）点的 H 面投影至 OX 轴的距离等于其 W 面投影至 OZ 轴的距离，即 $aa_X = a''a_Z$。

例 2—1 已知点 A 的 V 面投影 a' 和 W 面投影 a''，求作其 H 面的投影 a，如图 2—2a 所示。

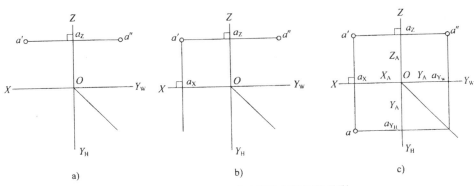

a)   b)   c)

图 2—2 已知点的两面投影求第三面投影

分析：

根据点的投影规律可知，$aa' \perp OX$，所以过 a' 作 OX 轴的垂线 $a'a_X$，所求 A 点的水平投影 a 一定在 $a'a_X$ 的延长线上。由 $aa_X = a''a_Z$，可以确定 a 点在 $a'a_X$ 延长线上的位置。

作图步骤：

(1) 过 a' 作 $a'a_X \perp OX$，并延长，如图 2—2b 所示。

(2) 量取 $aa_X = a''a_Z$，可求得 a 点（也可用投影关系作图求得 a 点），如图 2—2c 所示。

(2) 点的投影规律

在三投影面体系中，点的位置可以由点到三个投影面的距离来确定。如图 2—1a 所示，如果将三个投影面作为三个坐标面，投影轴作为坐标轴，则点的投影和点的坐标关系如下：

点 A 到 W 面的距离为：$Aa'' = a_X O = a'a_Z = aa_Y = x$ 坐标。

点 A 到 H 面的距离为：$Aa = a_Z O = a''a_Y = a'a_X = z$ 坐标。

点 A 到 V 面的距离为：$Aa' = a_Y O = aa_X = a''a_Z = y$ 坐标。

空间一点的位置可由该点的坐标（x，y，z）确定。

A 点三个投影的坐标分别为 a（x，y），a'（x，z），a''（y，z）。任一投影都包含了两个坐标，故一点的两个投影必包含确定该点空间位置的三个坐标，从而得知空间点的两个投影可确定该点的空间位置。

例 2—2 已知空间点 B 的坐标为：$x=12$，$y=7$，$z=15$，即 B（12，7，15），求作 B 点的三面投影，如图 2—3 所示。

分析：

已知空间点的三个坐标，便可作出该点的两个投影，从而作出该点的另一个投影。

作图步骤：

（1）画投影轴。在 OX 轴上从 O 点向左量取 12，定出 b_x 点，过 b_x 点作 OX 轴的垂线，如图 2—3a 所示。

（2）在 OZ 轴上从 O 点向上量取 15，定出 b_z 点，过 b_z 点作 OZ 轴的垂线，两条垂线的交点就是 b' 点，如图 2—3b 所示。

（3）在 $b'b_x$ 的延长线上从 b_x 点向下量取 7，得到 b 点；在 $b'b_z$ 的延长线上从 b_z 点向右量取 7，得到 b'' 点（也可用投影关系作图求得 b'' 点），如图 2—3c 所示。b'，b，b'' 就是 B 点的三面投影。

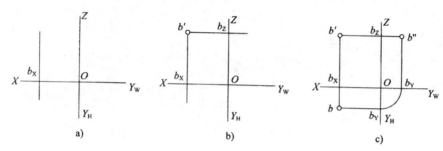

图 2—3 已知点的坐标求点的投影

（3）两点的相对位置

两点的相对位置是指空间两个点的上下、左右、前后关系。在投影图中，是以它们的坐标差来确定的。两点的 V 面投影反映上下、左右关系；两点的 H 面投影反映左右、前后关系；两点的 W 面投影反映上下、前后关系。

例 2—3 已知空间点 B（13，7，17），D 点在 B 点的右方 3，后方 1，上方 4，求作 D 点的三面投影，如图 2—4 所示。

分析：

D 点在 B 点的右方和上方，说明 D 点的 x 坐标小于 B 点的 x 坐标，D 点的 z 坐标大于 B 点的 z 坐标；D 点在 B 点的后方，说明 D 点的 y 坐标小于 B 点的 y 坐标。可根据两点的坐标差作出 D 点的三面投影。

作图步骤：

（1）根据 B 点的三坐标作出其投影 b，b'，b''，如图 2—4a 所示。

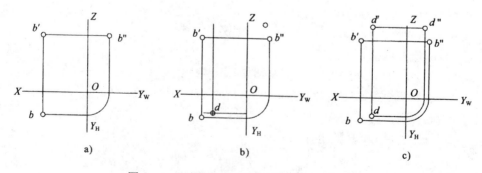

图 2—4 已知两点间的相对位置求点的投影

（2）沿 OX 轴方向量取 $13-3=10$ 得一点，过该点作 OX 轴的垂线。

（3）沿 OY_H 轴方向量取 $7-1=6$ 得一点，过该点作 OY_H 轴的垂线，与 OX 轴的垂线相交，交点为 D 点的 H 面投影 d，如图 2--4b 所示。

（4）沿 OZ 轴方向量取 $17+4=21$ 得一点，过该点作 OZ 轴的垂线，与 OX 轴的垂线相交，得 D 点的 V 面投影 d'。由 d 和 d' 作出 d''，完成 D 点的三面投影，如图 2--4c 所示。

2. 直线的投影分析

空间两点可以决定一条直线，所以，若已知空间两点的三面投影，只要连接这两个点在同一个投影面上的投影（简称同面投影），即可得到空间直线的三面投影，如图 2—5a 所示。如图 2—5b 所示为直线 AB 在三投影面体系中的投影。

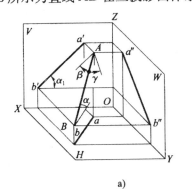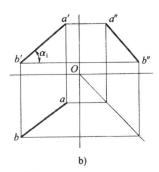

a)   b)

图 2—5   一般位置直线的三面投影

空间直线与投影面的相对位置有以下三种：

第一，一般位置直线——直线对三个投影面均倾斜。

第二，投影面平行线——直线平行于某一个投影面，而对另外两个投影面倾斜。

第三，投影面垂直线——直线垂直于某一个投影面，而对另外两个投影面平行。

（1）一般位置直线

如图 2—5 所示的直线对三个投影面都倾斜，为一般位置直线。其投影特性如下：

1）三个投影均不反映直线的实长。

2）三个投影均对投影轴倾斜。

（2）投影面平行线

平行于一个投影面、同时倾斜于另外两个投影面的直线称为投影面的平行线。平行于水平投影面的直线称为水平线，平行于正投影面的直线称为正平线，平行于侧投影面的直线称为侧平线。

1）投影面平行线的投影特性

①直线段平行于哪个投影面，它在那个投影面上的投影就反映空间直线段的真实长度。

②直线段的其他两个投影都小于空间直线段的实长，而且与相应的投影轴平行。

2）投影面平行线的辨认方法   当直线有两个投影平行于投影轴，第三个投影与投影轴倾斜时，该直线一定是投影面平行线，且一定平行于其投影为倾斜线的那个投影面。

①正平线。正平线的投影如图 2—6 所示，直线段 AB 的正面投影 $a'b'$ 与 OX 轴和 OZ 轴都倾斜。水平投影 $ab//OX$ 轴，侧面投影 $a''b''//OZ$ 轴，且都小于实际长度。正面投影 $a'b'$ 反映直线段 AB 的实际长度。

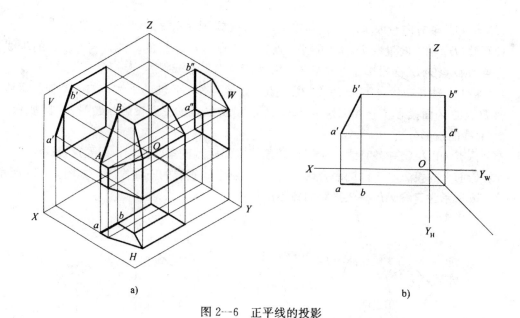

a)   b)

图 2—6 正平线的投影

②侧平线。侧平线的投影如图 2—7 所示，直线段 CD 的正面投影 $c'd' \, /\!/ \, OZ$ 轴，水平投影 $cd \, /\!/ \, OY_H$ 轴，且都小于实际长度。侧面投影 $c''d''$ 与 OY_W 轴和 OZ 轴都倾斜，且反映直线段 CD 的实际长度。

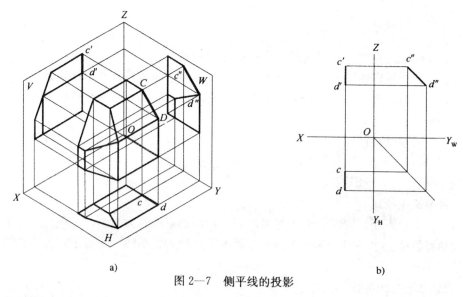

a)   b)

图 2—7 侧平线的投影

③水平线。水平线的投影如图 2—8 所示，直线段 EF 的水平投影 ef 与 OX 轴和 OY_H 轴都倾斜。正面投影 $e'f' \, /\!/ \, OX$ 轴，侧面投影 $e''f'' \, /\!/ \, OY_W$ 轴，且都小于实际长度。水平投影 ef 反映直线段 EF 的实际长度。

（3）投影面垂直线

垂直于一个投影面且同时平行于另外两个投影面的直线称为投影面的垂直线。垂直于水平面的直线称为铅垂线，垂直于正面的直线称为正垂线，垂直于侧面的直线称为侧垂线。

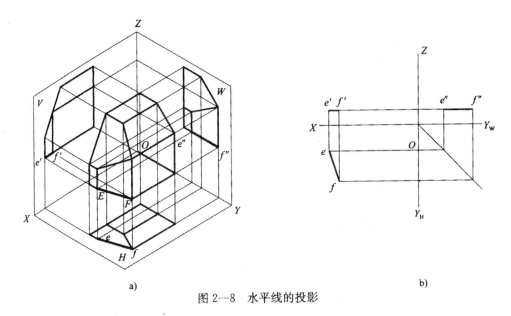

a)   b)

图 2—8　水平线的投影

1) 投影面垂直线的投影特性

①直线段垂直于哪个投影面，它在那个投影面上的投影就积聚成为一点。

②直线段的其他两个投影都与相应的投影轴垂直，并且都反映空间线段的实际长度。

2) 投影面垂直线的辨认方法　直线段的投影中只要有一个投影积聚成为一点，则该直线段一定是投影面垂直线，且一定垂直于其投影积聚为一点的那个投影面。

①正垂线。正垂线的投影如图 2—9 所示，直线段 AB 的正面投影 $a'b'$ 积聚成为一点。水平投影 ab 和侧面投影 $a''b''$ 都反映真实长度，且 $a''b'' \perp OZ$ 轴，$ab \perp OX$ 轴。

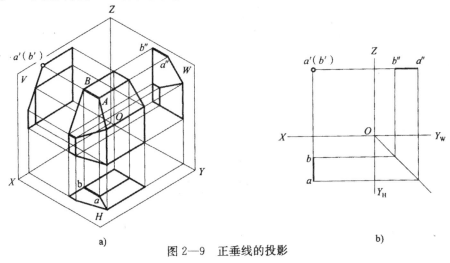

a)   b)

图 2—9　正垂线的投影

②侧垂线。侧垂线的投影如图 2—10 所示，直线段 AD 的侧面投影 $a''d''$ 积聚成为一点。正面投影 $a'd'$ 和水平投影 ad 反映直线段 AD 的真实长度，且 $a'd' \perp OZ$ 轴，$ad \perp OY_H$ 轴。

③铅垂线。铅垂线的投影如图 2—11 所示，铅垂线 EF 的水平投影 ef 积聚成为一点。正面投影 $e'f'$ 和侧面投影 $e''f''$ 都反映直线段 EF 的真实长度，且 $e'f' \perp OX$ 轴，$e''f'' \perp OY_w$ 轴。

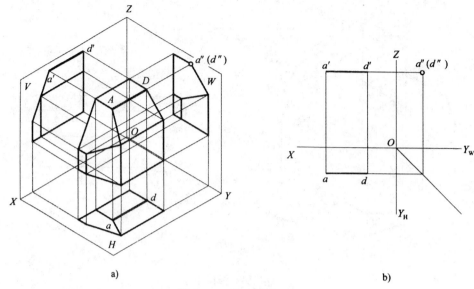

a)   b)

图 2—10　侧垂线的投影

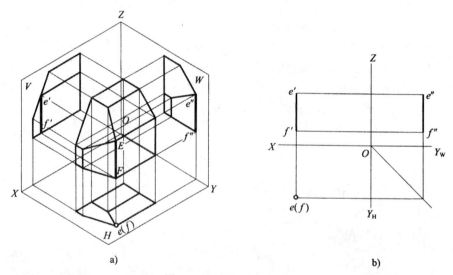

a)   b)

图 2—11　铅垂线的投影

3. 平面的投影分析

在投影图上，平面有各种表示方法。不在一条直线上的三个点，一条直线和该直线外的一点，两条相交直线，两条平行直线，任意平面图形（如三角形、四边形、圆形等）都可以表达一个平面的投影。

（1）平面对于一个投影面的投影特性

空间平面相对于一个投影面的位置有平行、垂直、倾斜三种。三种不同的位置对应三种不同的投影特性，如图 2—12 所示。

1）真实性　当平面与投影面平行时，平面的投影为实形，这种投影特性称为真实性，如图 2—12a 所示。

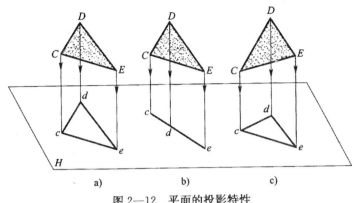

图 2—12 平面的投影特性

2) 积聚性 当平面与投影面垂直时，平面的投影积聚成一条直线，这种投影特性称为积聚性，如图 2—12b 所示。

3) 类似性 当平面与投影面倾斜时，平面的投影小于平面的真实大小，并且与平面是类似的几何图形，这种投影特性称为类似性，如图 2—12c 所示。

(2) 平面对于三个投影面的投影特性

平面对于三个投影面的相对位置有三种：对于三个投影面都倾斜（一般位置平面），平行于一个投影面（特殊位置平面），垂直于一个投影面（特殊位置平面）。

1) 投影面的倾斜面（一般位置平面） 如图 2—13a 所示的 △ABC 为一般位置平面，它对于三个投影面都倾斜，其投影都不反映真实形状，都是类似的几何图形（三角形），如图 2—13b 所示。

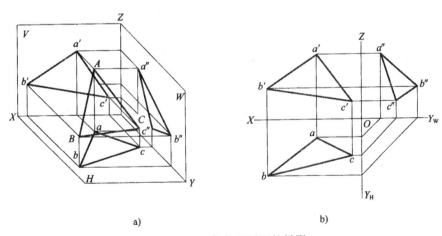

图 2—13 一般位置平面的投影

2) 投影面平行面 平行于一个投影面而垂直于另外两个投影面的平面称为投影面平行面。平行于水平投影面的平面称为水平面，平行于正投影面的平面称为正平面，平行于侧投影面的平面称为侧平面。

①投影面平行面的投影特性。

a. 平面平行于哪个投影面，它在那个投影面上的投影就反映空间平面的真实形状。

b. 其他两个投影面的投影都积聚为直线段，而且与相应的投影轴平行。

②投影面平行面的辨认方法。当平面的投影有两个分别积聚为平行于不同投影轴的直线段，而另一个投影为平面时，则此平面平行于投影为平面的那个投影面。

a. 水平面。水平面的投影如图2—14所示。长方形 Q 的正面投影 q' 积聚成为一条平行于 OX 轴的直线，侧面投影 q'' 积聚成为一条平行于 OY_W 轴的直线，水平投影反映真实形状。

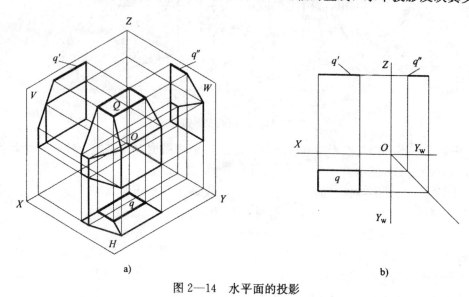

图 2—14　水平面的投影

b. 侧平面。侧平面的投影如图2—15所示。平面 R 的正面投影 r' 积聚成为一条平行于 OZ 轴的直线，水平投影 r 积聚成为一条平行于 OY_H 轴的直线，侧面投影 r'' 反映平面的真实形状。

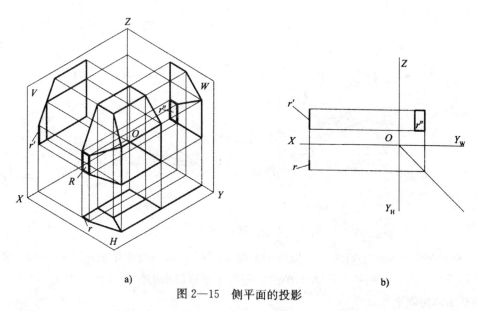

图 2—15　侧平面的投影

c. 正平面。正平面的投影如图2—16所示。平面 P 的水平投影 p 积聚成为一条平行于 OX 轴的直线，侧面投影 p'' 积聚成为一条平行于 OZ 轴的直线，正面投影 p' 反映平面的真实形状。

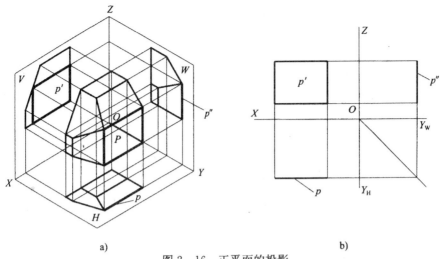

a)   b)

图 2—16 正平面的投影

3) 投影面垂直面   垂直于一个投影面且同时倾斜于另外两个投影面的平面称为投影面垂直面。垂直于 V 面的平面称为正垂面，垂直于 H 面的平面称为铅垂面，垂直于 W 面的平面称为侧垂面。平面与投影面所夹的角度称为平面对投影面的倾角。

①投影面垂直面的投影特性

a. 平面垂直于哪个投影面，它在那个投影面上的投影就积聚成为一条与投影轴倾斜的直线，并且这个投影与投影轴所夹的角度等于空间平面对相应投影面的倾角。

b. 其他两个投影都是空间平面的类似形。

②投影面垂直面的辨认方法。如果空间平面在某一个投影面上的投影积聚成为一条与投影轴倾斜的直线，则此空间平面就垂直于该投影面。

a. 正垂面。正垂面的投影如图 2—17 所示。正垂面 P 的正面投影积聚成为一条直线，水平投影和侧面投影都是类似形。

b. 侧垂面。侧垂面的投影如图 2—18 所示。侧垂面 Q 的侧面投影积聚成为一条直线，正面投影和水平投影都是类似形。

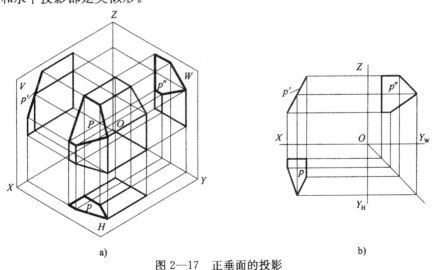

a)   b)

图 2—17 正垂面的投影

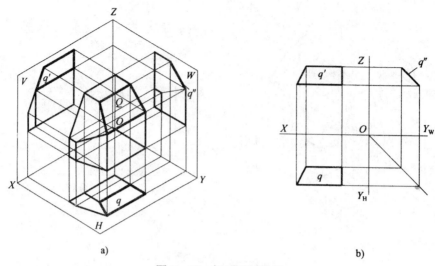

a)   b)

图 2—18　侧垂面的投影

c. 铅垂面。铅垂面的投影如图 2—19 所示。铅垂面 R 的水平投影积聚成为一条直线，正面投影和侧面投影都是类似形。

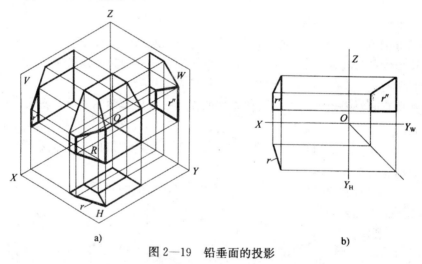

a)   b)

图 2—19　铅垂面的投影

二、几何体视图及表面上点的投影

任何物体均可以看成是由若干个基本体组合而成的，基本体包括平面立体和曲面立体两大类。平面立体的每个表面都是平面，如棱柱、棱锥等；曲面立体至少有一个表面是曲面，如圆柱、圆锥、球等。

下面分别讨论几种常见的平面立体和曲面立体的视图的画法、表面上点的投影及尺寸标注方法。

1. 平面立体视图的画法及表面上点的投影

（1）棱柱

1）棱柱的投影　棱柱的棱线互相平行，常见的棱柱有三棱柱、四棱柱、五棱柱、六棱柱等。下面以如图 2—20 所示的正六棱柱为例，分析其投影特性和作图方法。

分析：

如图2—20a所示，正六棱柱的两个端面（顶面和底面）平行于水平投影面，前、后棱面平行于正投影面，其余棱面均垂直于水平投影面。在这种位置下，该六棱柱的投影特征是：顶面和底面的水平投影重合，并反映真实形状——正六边形。六棱柱棱面的水平投影分别积聚为六边形的六条边。

作图步骤：

正六棱柱三视图的作图步骤如图2—20所示。

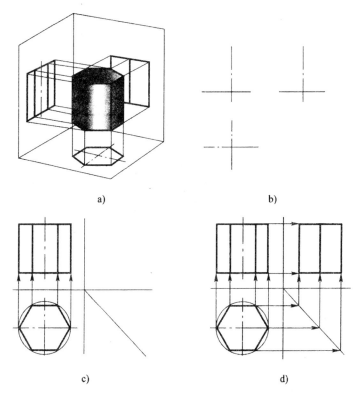

图2—20 正六棱柱三视图的作图步骤

①作六棱柱的对称中心线和底面的基准线，确定各视图的位置，如图2—20b所示。

②先画反映主要形状特征的视图，即俯视图的正六边形，然后按长对正的投影关系及六棱柱的高度画出主视图，如图2—20c所示。

③按高平齐、宽相等的投影关系画出左视图，如图2—20d所示。

2）棱柱表面上点的投影 要确定平面立体表面上点或线的投影，需要按照"长对正、高平齐、宽相等"的投影规律来作图。先求表面上点的投影，再判断其可见性。如果点在直线上，那么点的投影也一定在直线的投影上。同理，如果点在平面上，那么点的投影一定也在平面的投影上。所以求立体表面上点的投影时，可先分析该点所在表面的投影特性，如果表面的投影具有积聚性，可以利用表面投影的积聚性来求该表面上点的投影。如果该点所在的表面是一般位置平面，不具有积聚性，则可以先在立体表面上过该点作一条辅助线（直线或圆），只要求得辅助直线或辅助圆的投影，就一定能够求出在该辅助直线或辅助圆上点的投影。

棱柱体的各表面均处于特殊位置，所以求棱柱表面上点的投影时，可以利用平面投影的积聚性来作图。在三个视图中，若平面处于可见位置，则该平面上的点的同面投影也是可见的；若平面处于不可见的位置，则该平面上的点的同面投影为不可见。

例2—4 如图2—21所示，已知正六棱柱的柱面ABCD上点M的正面（V面）投影m′，求其在水平投影面（H面）的投影m和侧投影面（W面）的投影m″。

分析：

棱面ABCD为铅垂面，其水平面的投影为一条直线，因此M点的水平投影m一定在该直线上。由此即可求出点M的水平投影m。然后再根据m′和m求出m″。因为棱面ABCD的侧面投影为可见，所以M点的侧面投影m″也可见。如图2—21所示为棱柱表面上点的投影。

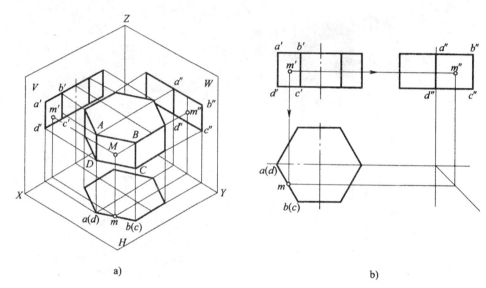

a)   b)

图2—21 棱柱表面上点的投影

（2）棱锥

1）棱锥的投影 棱锥的棱线交于一点，常见的棱锥有三棱锥、四棱锥和五棱锥等。下面以如图2—22a所示的三棱锥为例，分析其投影特性和作图方法。

分析：

如图2—22a所示为一正三棱锥，它的表面由一个底面（等边三角形）和三个侧棱面（等腰三角形）组成，现将其放置成底面与水平投影面平行，并使其一个棱面垂直于侧投影面。由于三棱锥的底面为水平面，所以它的水平投影反映实际形状，正面投影和侧面投影分别积聚为直线段。垂直于侧投影面的侧棱面在侧投影面上的投影为一条斜线，正面投影（不可见）和水平投影（可见）为类似的三角形。其余两个侧棱面均为一般位置平面，其三面投影都是类似的几何图形（三角形）。

作图步骤：

三棱锥三视图的作图步骤如图2—22所示。

①如图2—22b所示，作正三棱锥的正面投影和侧面投影的作图基准线，画出底面正三角形的水平投影。

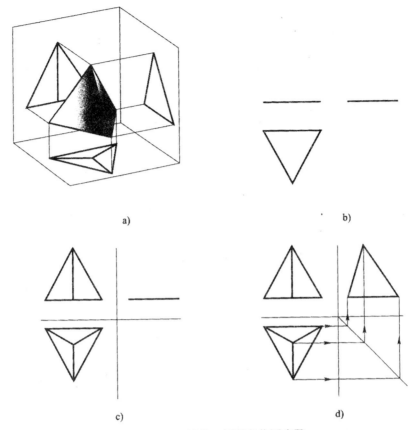

a)

b)

c)

d)

图 2—22 三棱锥三视图的作图步骤

②根据棱锥的高度定出锥顶的投影位置，然后在正面投影和水平投影上用直线连接锥顶与底面三个顶点的投影，即得到三条棱线的投影，如图 2—22c 所示。

③根据投影规律，由正面投影和水平投影作出侧面投影，如图 2—22d 所示。

2）棱锥表面上点的投影

棱锥的表面可能是特殊位置平面，也可能是一般位置平面。如果要分析的点在特殊位置平面上，那么其投影可以利用其所在平面的特殊性直接求得；如果要分析的点在一般位置平面上，那么其投影可以通过在该平面上作辅助直线的方法来求得。

例 2—5 如图 2—23a 所示，已知三棱锥棱面上点 M 的正面（V 面）投影 m'，求点 M 的另外两面投影。

（1）方法一

点 M 在棱面△SAB 上，△SAB 是一般位置平面，因此，求点 M 的投影要用辅助直线法作图。在图 2—23a 中，辅助线为过锥顶 S 和点 M 的直线 SK。

作图步骤：

1）如图 2—23b 所示，连接 $s'm'$，并延长交 $a'b'$ 于 k' 点，得辅助线 SK 的 V 面投影 $s'k'$。

2）求出 SK 的 H 面投影 sk，则 M 点的水平投影 m 必定在 sk 上，由此求得 M 点的 H 面投影 m。

3）点 M 的 W 面投影 m'' 可通过作 $s''k''$ 求得，也可由 m' 和 m 按点的投影规律直接求得。棱锥表面上点的投影（一）如图 2—23 所示。

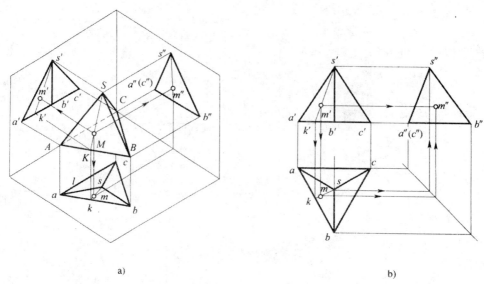

a)   b)

图 2—23　棱锥表面上点的投影（一）

（2）方法二

如图 2—24a 所示，过已知点 M 在△SAB 上作直线 AB 的平行线 ME，根据两直线平行其各自的投影也平行的投影特性，可画出辅助线 ME 的三面投影，再根据点在直线上的投影特性画出点 M 的三面投影。

作图步骤：

1）如图 2—24b 所示，画辅助线 ME 的正面投影。过 m′作 a′b′的平行线 e′m′，与 s′a′交于 e′点。

2）画辅助线 ME 的水平投影。过 e′点向下作垂线与 as 相交得 e 点，过 e 点作 ab 的平行线，过 m′向下作垂直线，交辅助线于 m，即 M 的水平投影。

3）根据点的投影特性，画出侧面投影 m″。

由于平面△SAB 的水平投影和侧面投影都可见，所以 m′和 m″都可见。棱锥表面上点的投影（二）如图 2—24 所示。

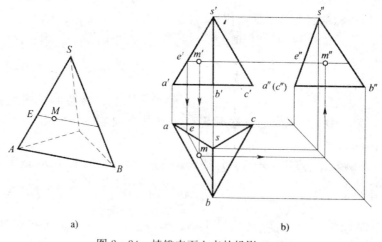

a)   b)

图 2—24　棱锥表面上点的投影（二）

如图 2—25 所示，N 点在平面△SAC 上，已知
N 点的水平投影 n，求 N 点的正面投影和侧面投影
时，可利用特殊平面的投影特性来求解。

分析：

点 N 在平面△SAC 上，由于平面△SAC 的侧
面投影积聚成为一条直线，所以可以利用平面的积
聚性来求解 N 点的三面投影。棱锥表面上点的投影
（三）如图 2—25 所示。

由此可知，当平面的投影积聚成为一条直线
时，其表面上的点的投影可以直接落到该直线的投
影上。然后由点的两面投影画出第三面投影。当平
面的投影没有积聚性时，需要过已知点作辅助直线

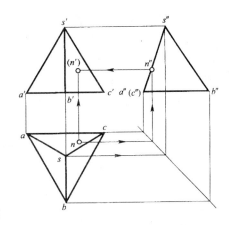

图 2—25　棱锥表面上点的投影（三）

的三面投影，然后将已知点的投影分别落到辅助线的投影上。

2. 曲面立体视图的画法及表面上点的投影

（1）圆柱

1）圆柱的投影　圆柱是由圆柱面与上、下两端面围成的。圆柱面可看做是由一条直母
线绕与其平行的轴线回转而成的。圆柱面上任意一条平行于轴线的直线称为圆柱的素线。

如图 2—26a 所示为圆柱三视图的形成。由于圆柱的轴线垂直于水平面，因此圆柱上、
下端面的水平投影反映实形，正、侧面投影积聚成为直线。圆柱面的水平投影积聚为一个
圆，与两端面的水平投影重合。在正面投影中，前、后两半圆柱面的投影重合为一矩形，矩
形的两条竖线分别是圆柱面最左、最右素线的投影，也是圆柱面前、后分界线，即主视图的
可见部分与不可见部分的分界线。在侧面投影中，左、右两半圆柱面的投影重合为一矩形，
矩形的两条竖线分别是圆柱面最前、最后素线的投影，也是圆柱面左、右分界线，即左视图
的可见部分与不可见部分的分界线。

作圆柱的三视图时，应先画出圆的中心线和圆柱轴线的各投影，然后从投影为圆的视图
画起，逐步完成其他视图，圆柱的三视图如图 2—26b 所示。

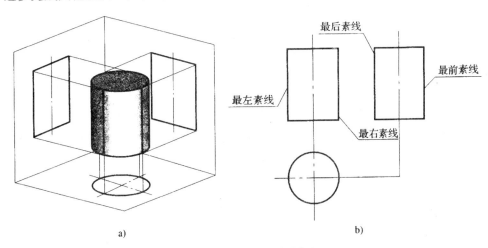

a)

b)

图 2—26　圆柱的三视图

2) 圆柱表面上点的投影 如图 2—27 所示，由于圆柱的上、下表面和圆柱面都是特殊位置平面，即上、下表面为水平面，圆柱面为铅垂面，所以在圆柱表面上的点的投影都可以利用点所在表面的特殊性来求出。

例 2—6 已知圆柱表面上点 I 的正面投影 1′、点 II 的正面投影 2′、点 III 的侧面投影 3″以及点 IV 的水平投影 4，如图 2—27a 所示，求这四个点的另外两面投影。

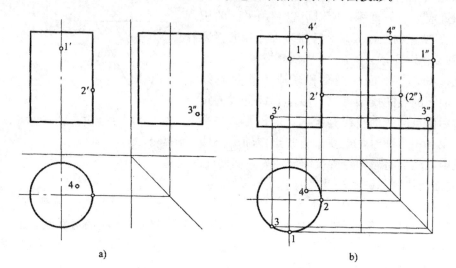

图 2—27 圆柱表面上点的投影

分析：

I，II，III 点均在圆柱面上，所以此三点的水平投影均在圆柱面的水平投影上，而圆柱面的水平投影积聚成一个圆，所以此三点的水平投影都在该圆周上，其另外一面的投影可以利用点的投影规律来求出。点 IV 的水平投影在圆形的内部而且可见，表明点 IV 是在圆柱的顶面上，而圆柱的顶面和底面的正面投影和侧面投影都积聚成一条直线，所以点 IV 的正面投影和侧面投影也一定在该平面的投影上。因为点 I 在主视图的对称中心线上并且可见，所以其左视图在右侧轮廓线上，水平投影在圆与中心线的交点上，如图 2—27b所示。

作图步骤：

(1) 过 1′作水平线，交圆柱侧面投影的右侧轮廓线于 1″，水平投影在圆与中心线的交点上，与 1′保持长对正。

(2) 过 2′向下作垂直线，交水平投影圆于 2（中心线与圆的交点），根据 2 和 2′求其侧面投影 2″，根据水平投影 2 得知点 II 位于圆柱右侧，故侧面投影不可见，记为（2″）。

(3) 根据 3″点的可见性，利用宽相等求出点 III 的水平投影 3，再根据 3 和 3″求出正面投影 3′。

(4) 过 4 点的水平投影向上作垂线，交圆柱顶面的正面投影于 4′，利用宽相等作辅助线交圆柱顶面的侧面投影于 4″。

(2) **圆锥**

1) 圆锥的投影 圆锥是由圆锥面和底面围成的。圆锥面可以看做是由一条斜母线绕与它相交的轴线回转而成的。母线在其所形成的圆锥面上任一位置时称为素线。

· 40 ·

如图 2—28 所示为轴线垂直于水平面的正圆锥的三视图。底面平行于水平面，底面的水平投影反映实形，正面和侧面投影积聚成为直线。圆锥面的三个投影都没有积聚性，其水平投影与底面的投影重合，全部可见；前、后两个半圆锥面的正面投影重合为一等腰三角形，三角形的两腰分别是圆锥最左、最右素线的投影，也是圆锥面的前、后分界线；左、右两个半圆锥面的侧面投影重合为一等腰三角形，三角形的两腰分别是圆锥最前、最后素线的投影，也是圆锥面的左、右分界线。

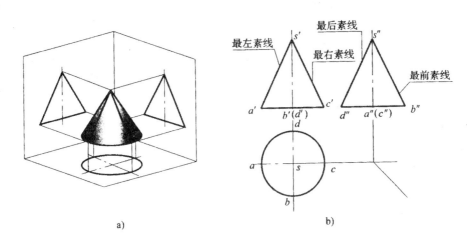

图 2—28　正圆锥的三视图

作圆锥的三视图时，应先画出圆的中心线和圆锥轴线各投影，再从投影为圆的视图画起，按圆锥的高度确定锥顶，逐步画出其他视图。

2）圆锥表面上点的投影　如图 2—29b 所示，已知圆锥表面上点 M 的正面投影 m'，求作点 M 的其余两面投影。因为 m' 可见，所以 M 必定在前半个圆锥的左半部分，所以可以判断点 M 的另外两个投影均可见。作图方法有以下两种：

①辅助直线法。用辅助直线法求圆锥表面上点的投影如图 2—29 所示。

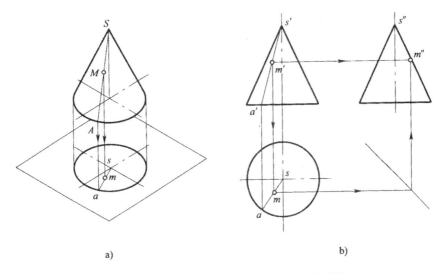

图 2—29　用辅助直线法求圆锥表面上点的投影

分析：

如图 2—29a 所示，过圆锥顶点 S 和点 M 作一直线 SA，与底面交于点 A，点 M 的投影必定在 SA 的相应投影上。

作图步骤：

如图 2—29b 所示，过 m′点作直线 s′a′，求出直线 SA 的水平投影 sa。过 m′点向下作垂线交 sa 于 m 点，m 就是 M 点的水平投影。再根据 m 和 m′求出 m″。

②辅助平面法。用辅助平面法求圆锥表面上点的投影如图 2—30 所示。

分析：

如图 2—30a 所示，过圆锥表面上的点 M 作一平行于底面的辅助平面，该平面与圆锥表面的交线为一个圆，点 M 的各个投影必定在此圆的投影上。由于该圆平行于底面，所以该圆的正面投影和侧面投影与底面圆的投影相同，都是平行于坐标轴的直线，水平投影是底面圆的同心圆。

作图步骤：

如图 2—30b 所示，过 m′作水平线 a′b′，过 b′向下作投影线，交水平投影的中心线于 b 点，以 S 点的水平投影 s 为圆心，过 b 点画圆，该圆就是辅助平面的水平投影，由 m′向下引垂线与此圆相交于两个点，根据点 M 的可见性，即可求出其水平投影 m。然后根据 m′和 m 即可求出 m″。由于 m′在主视图中心线右侧，所以左视图不可见。

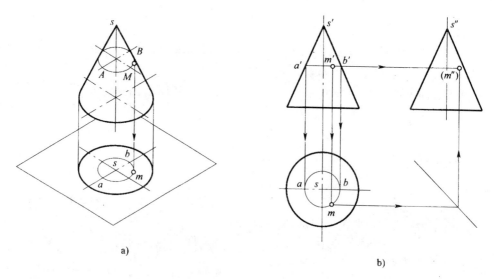

a)　　　　　　　　　　　　　b)

图 2—30　用辅助平面法求圆锥表面上点的投影

（3）球体

1）**球体的投影**　球体的表面可以看做是由一条圆形母线绕其直径回转而成的。

从图 2—31a 中可以看出，球体的三个视图都为等径圆，并且是球面上平行于相应投影面的三个不同位置的最大轮廓圆。正面投影的轮廓圆 A 是前、后两半球面可见与不可见的分界线，水平投影的轮廓圆 B 是上、下两半球面可见与不可见的分界线，侧面投影的轮廓圆 C 是左、右两半球面可见与不可见的分界线。

2）**球体表面上点的投影**　球体的表面都是曲面，所以球体的投影没有积聚性，求球体表面上点的投影时需要用辅助平面法，即过已知点的投影用一个平行于投影面的平面去截割球体，因为平面与球体的截交线永远是圆形，所以该平行于投影面的截交线的一面投影是圆形，另外两面投影是平行于投影轴的直线，如图2—31b所示。

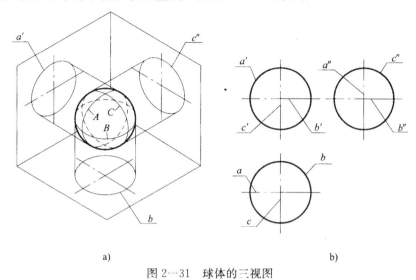

a)   b)

图2—31　球体的三视图

例2—7　如图2—32a所示，已知球体表面上点 M 的水平投影 m，求作点 M 其余两面投影。

分析：

过点 M 用一正平面截割球体，截交线为圆，其正面投影反映真实形状——圆形，水平投影为一平行于 X 轴的直线，侧面投影为一平行于 Z 轴的直线。

作图步骤：

过点 M 的水平投影 m 作平行于 X 轴的直线 ab，与球体的水平投影交于 a，b 两点，自 a 和 b 两点向上引垂线，交球体的正面投影的中心线于 a' 和 b' 两点，以 a'b' 为直径作圆，自 m 向上引垂线交此圆于两个点，根据 m 的可见性判断上面的点为 m'，再由 m 和 m' 可求得 m″，如图2—32b所示。

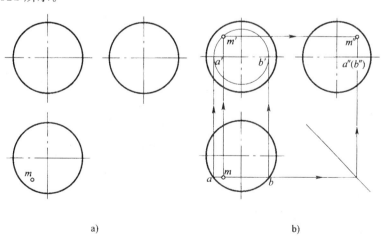

a)   b)

图2—32　球体表面上点的投影

3. 基本体的尺寸标注

应该注意的是，表达一个立体的形状和大小，不一定要画出三个视图，有时画一个或两个视图就可以。当然有时三个视图也不能完整地表达物体的形状，需要更多的视图。例如，表示上述正三棱锥、圆柱、圆锥、球时，若只表达形状，不标注尺寸，正三棱锥、圆柱、圆锥、球只用主、俯两个视图就够了；若标注尺寸，上述圆柱、圆锥、球仅画一个视图即可。

（1）平面立体

平面立体的尺寸要根据其具体形状进行标注，如图2—33所示，只需注出其底面尺寸和高度尺寸。对于如图2—33c所示的六棱柱，底面尺寸有两种注法，一种是注出正六边形的对角线的尺寸（外接圆的直径），另一种是注出其对边尺寸。常用后一种注法，而将对角线尺寸作为参考尺寸（加括号）。如图2—33e所示的四棱台必须注出上、下底的长、宽尺寸和高的尺寸。

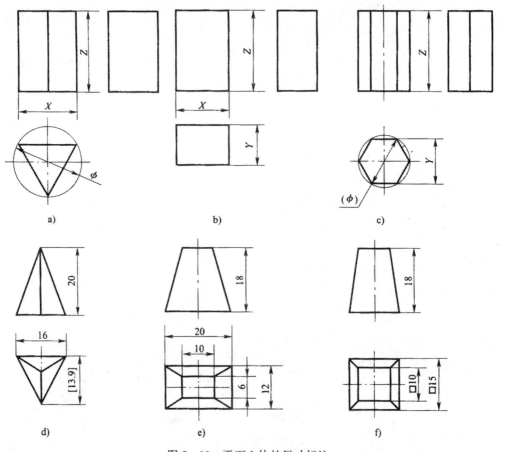

图2—33 平面立体的尺寸标注

（2）曲面立体

曲面立体的尺寸标注如图2—34所示，其中圆柱和圆锥应注出底面圆直径和高度，圆锥台还要加注顶圆的直径。直径尺寸应在数字前加注符号"ϕ"，一般应注在非圆视图上，如图2—34a，b，c所示，采用这种标注形式时用一个视图就能确定其形状和大小。标注球体的直径和半径时，应分别在"ϕ"和"R"前加注"S"，如图2—34d，e所示。

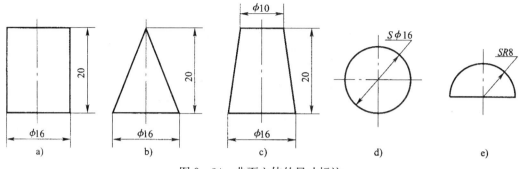

图 2—34 曲面立体的尺寸标注

自我评价

1. 已知点 A （20，15，30），求作其三面投影。

2. 已知点 B （15，20，9），D 点在 B 点上方 5 mm，在 B 点后方 10 mm，在 B 点左方 8 mm，求作 D 点的三面投影。

3. 如图 2—35 所示，已知直线段 AB 的正面投影 $a'b'$ 和水平投影 ab，试求其侧面投影。

4. 如图 2—36 所示，已知平面 ABC 的正面投影 $a'b'c'$ 和侧面投影 $a''b''c''$，试求作其水平投影。

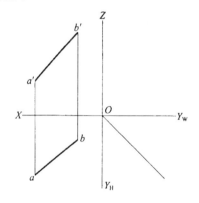

图 2—35 直线段的投影

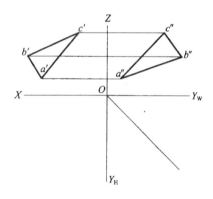

图 2—36 平面的投影

第三章 截割与相贯及轴测图

1. 主要介绍基本几何体被平面截割后所形成的截交线的投影特点以及形体相交形成的相贯线的投影特点。
2. 介绍正等轴测图和斜二等轴测图的形成特点及其画法。

实例导入

如图 3—1 所示为一机床夹具的压板，它是由一个长方体经过四次截割得到的。本模块就是要学习如何用平面去截割形体，以及其投影图的画法和轴测图的画法。

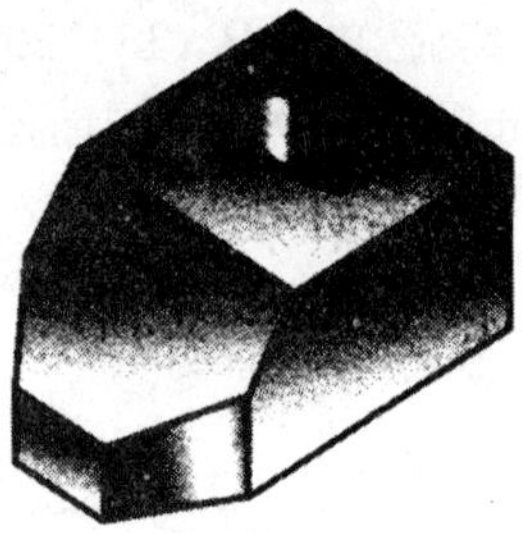

问题探究

1. 用平面截割平面立体所得到的表面交线的投影如何绘制？
2. 用平面截割曲面立体所得到的表面交线的投影如何绘制？
3. 绘制轴测图有哪几种方法？

能力构建

图 3—1 压板

第一节 截割与相贯

一、平面立体的截割

表面均由平面构成的几何体称为平面立体，常见的平面立体有棱柱体和棱锥体。下面就分别介绍棱柱体和棱锥体的截割。

1. 棱柱体的截割

用平面截割立体，用来截割的平面称为截平面，截平面与立体表面的交线叫做截交线。截交线是由截平面和几何体表面的共有点所组成的。由于平面与平面相交所得的交线是直线，所以求平面与棱柱体的表面交线时，只要找出棱柱体的各条棱线与截平面的交点，然后顺次连线即可得到。

现以用平面截割六棱柱为例介绍棱柱体的截割方法。

例 3—1 如图 3—2 所示，已知被截割的正六棱柱的正面投影和水平投影，求其侧面投影。

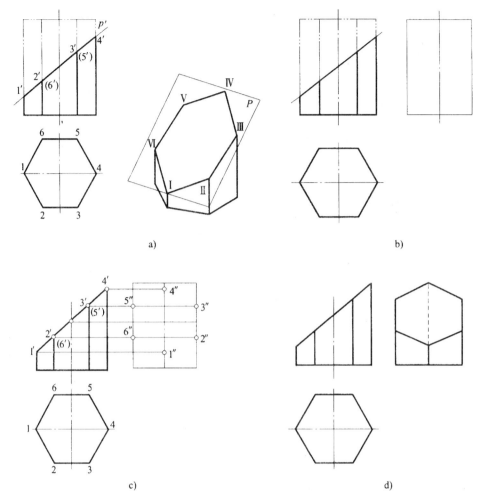

图 3—2　正六棱柱的截割

分析:

用平面 P 截割正六棱柱,如果六棱柱的六条棱线都与截平面相交,则截交线也是六边形。六边形的顶点为各棱线与截平面 P 的交点。由于六棱柱的六个棱面的水平投影具有积聚性,所以截交线的水平投影也具有积聚性,与六个棱面水平投影的正六边形重合。根据截交线的正面投影和水平投影可以作其侧面投影。

作图步骤:

(1) 根据已知的六棱柱的主视图和俯视图用细实线画出没有被截割的六棱柱的左视图,如图 3—2b 所示。

(2) 根据截交线六边形各顶点的正面投影和水平投影作出侧面投影 1″, 2″, 3″, 4″, 5″, 6″,如图 3—2c 所示。

(3) 将 1″, 2″, 3″, 4″, 5″, 6″顺次连接成封闭的折线,并补画视图中的漏线,擦去多余的线条,判断可见性,描深图线,如图 3—2d 所示。

例3—2　如图 3—3a 所示,一长方体被 A, B, C 三个截平面截割,试画出此截割体的三视图。

分析：

该长方体被三个特殊位置的截平面截割，即：正垂面 A、铅垂面 B、侧垂面 C。正垂面的正面投影积聚成一条直线，侧面投影和水平投影都是类似的几何图形。铅垂面的水平投影积聚成一条直线，正面投影和侧面投影都是类似的几何图形。侧垂面的侧面投影积聚成一条直线，正面投影和水平投影都是类似的几何图形。

作图步骤：

（1）根据立体图画出完整长方体的三视图，如图 3--3b 所示。

（2）用正垂面截割长方体，画截割体的三视图，如图 3—3c 所示。

（3）用铅垂面截割长方体，画截割体的三视图，如图 3—3d 所示。

（4）用侧垂面截割长方体，画截割体的三视图，如图 3—3e 所示。

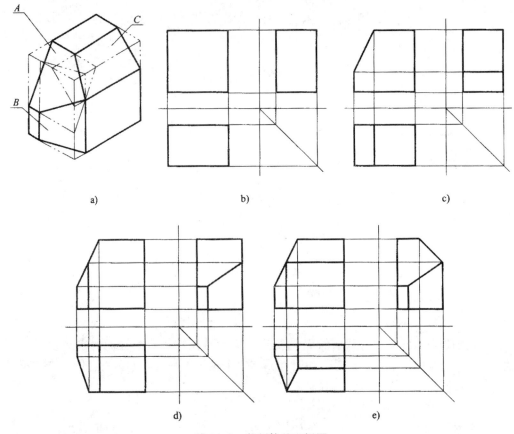

a)　　　　　　　　　b)　　　　　　　　　c)

d)　　　　　　　　　e)

图 3—3　截割体的三视图

2. 棱锥体的截割

与棱柱体不同，棱锥体的各棱面并不都具有积聚性，因此，对于投影没有积聚性的棱面，其截交线必须通过作图的方法求得。

例 3—3　如图 3—4 所示，已知被截割的三棱锥的正面投影和部分侧面投影，求其水平投影并补全其侧面投影。

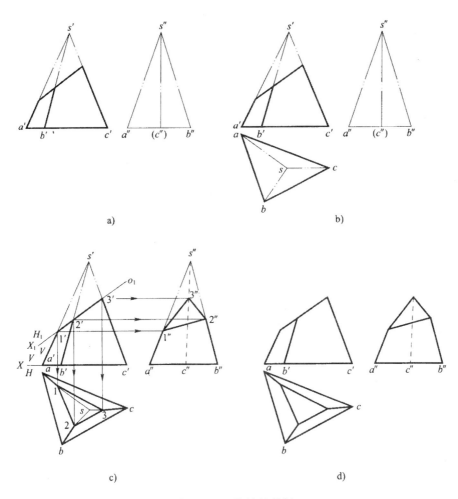

图 3—4 三棱锥的截割

分析：

如图 3—4a 所示，一截平面在垂直于正投影面方向斜截三棱锥，与三棱锥的三条棱线均相交，截交线的形状为三角形。因此，截交线的正面投影为一条斜线，侧面投影和水平投影为与截交线相类似的三角形。作图时，可根据截交线正面投影的积聚性来求出其水平投影和侧面投影。

作图步骤：

(1) 补画三棱锥的水平投影，如图 3—4b 所示。

(2) 在正面投影中，首先确定截平面与三条棱线的交点为 $1'$，$2'$，$3'$点。

(3) 分别过 $1'$，$2'$，$3'$点向下作垂线，交 SA，SB，SC 三条棱线的水平投影 sa，sb，sc 于 1，2，3 点，顺次连接 1，2，3 点即得到截交线的水平投影，如图 3—4c 所示。

(4) 分别过 $1'$，$2'$，$3'$点向右作水平线，交 SA，SB，SC 三条棱线的侧面投影 $s''a''$，$s''b''$，$s''c''$于 $1''$，$2''$，$3''$点，顺次连接 $1''$，$2''$，$3''$点即得到截交线的侧面投影，如图 3—4c 所示。

(5) 判断截割三棱锥的各棱线及截交线的可见性，擦去多余的图线，描深粗实线，即得到截割三棱锥的三视图，如图 3—4d 所示。

例 3—4   如图 3—5 所示，已知一三棱锥被一水平面和一正垂面截割，已知截割体的主视图和部分水平投影及侧面投影，试补全其俯视图和左视图。

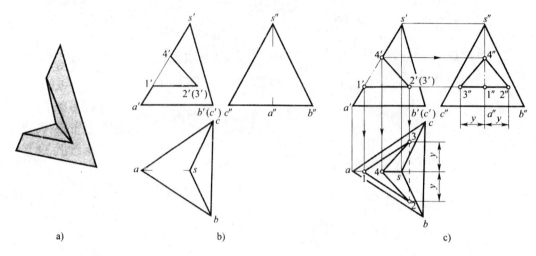

图 3—5   棱锥体的截割

分析：

由于三棱锥的底面平行于水平投影面放置，用水平面截割三棱锥所得截交线的正面投影和侧面投影均应为水平线，而水平投影反映截交线的真实形状，是与底面相似的三角形。用正垂面截割三棱锥时，截交线的正面投影是一条倾斜于投影轴的直线，而侧面投影和水平投影均应该是类似的三角形。因此，切口的正面投影为两条相交的直线，而侧面投影为三角形，水平投影为与底面三角形类似的两个三角形。

作图步骤：

（1）补画三棱锥的俯视图。过 $1'$ 点向下作垂线，交棱线 SA 的水平投影 sa 于 1 点，过 1 点分别作 ac 和 ab 的平行线，如图 3—5c 所示。

（2）过 $2'$ 点向下作垂线，交过 1 点作的 ab 和 ac 的平行线于 2 点和 3 点。

（3）过 $4'$ 点向下作垂线，交棱线 SA 的水平投影 sa 于 4 点。

（4）顺次连接 1，2，3，1 点和 2，4，3 点。由于直线段 23 的水平投影不可见，所以其投影应该以虚线表示，直线段 14 被切掉，所以应该被擦掉。

（5）按点的投影规律求出点 $1''$，$2''$，$3''$，$4''$，并顺次连接 $1''$，$2''$，$4''$，$3''$ 得封闭折线。擦去多余图线，描深图线。

二、曲面立体的截割

表面由曲面或平面和曲面组成的几何体称为曲面立体，常见的曲面立体有圆柱体、圆锥体、球体。下面就分别介绍圆柱体、圆锥体、球体的截割方法。

1. 圆柱体的截割

由于截平面与圆柱轴线的相对位置不同，截交线的形状也不同。当截平面与圆柱轴线平行时，截交线为矩形。当截平面与圆柱轴线垂直时，截交线为与上、下底面圆相同的圆。当截平面与圆柱轴线倾斜时，截交线为椭圆。用平面截割圆柱体的截交线形状见表 3—1。

表 3—1

用平面截割圆柱体的截交线形状

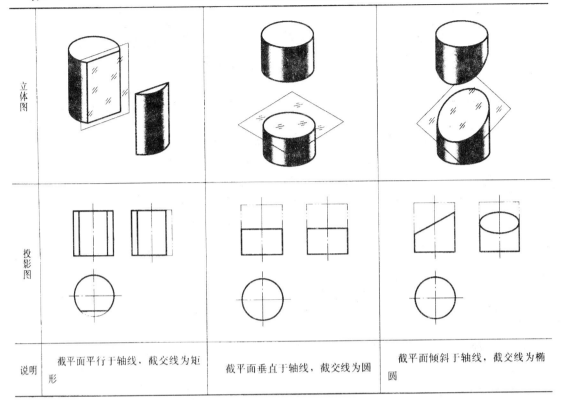

立体图			
投影图			
说明	截平面平行于轴线，截交线为矩形	截平面垂直于轴线，截交线为圆	截平面倾斜于轴线，截交线为椭圆

例 3—5 如图 3—6 所示为用一个倾斜于圆柱轴线的截平面截割圆柱体所得的立体图，已知其正面投影和水平投影（见图 3—7a），求其侧面投影。

分析：

倾斜于圆柱轴线的截平面是正垂面，其正面投影为一条倾斜于坐标轴的直线。由于截交线既属于截平面，又属于圆柱表面，所以截交线的水平投影与圆柱体的水平投影重合，而侧面投影为与水平投影相类似的几何图形——椭圆。本题的重点就是用取点法画该椭圆的投影。

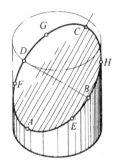

图 3—6　圆柱截割体的立体图

作图步骤：

(1) 找特殊位置点的投影。截交线与主视图的对称中心线和素线的交点 b'、(d') 和 a'、c' 为该椭圆上的特殊位置点的投影（b'、d' 为重影点，d' 不可见，要加括号），即椭圆的长轴和短轴的投影。求这四个点的侧面投影 a''、b''、c''、d''，如图 3—7b 所示。

(2) 找两对以上的一般位置点。在 a' 和 b' 点之间找任意点 e' 和 (f')；在 c' 和 b' 点之间找任意点 h' 和 (g')。因为空间点 E、F、G、H 是截交线上的点，所以点的投影也一定在截交线的投影上，所以它们的水平投影均在圆柱的水平投影上，如图 3—7c 所示。

(3) 根据点的投影规律，求点 E、F、G、H 的侧面投影，如图 3—7c 所示。

(4) 将点 a''、e''、b''、h''、c''、g''、d''、f'' 顺次光滑连接成封闭曲线，即得到该截交线的侧面投影，如图 3—7d 所示。

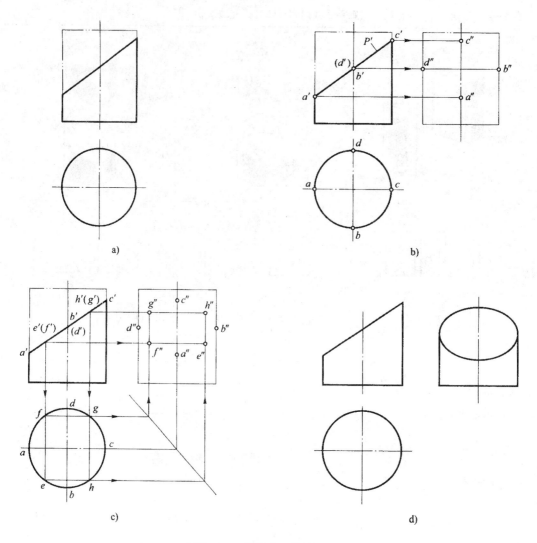

图 3—7　圆柱截割体的投影

例 3—6　如图 3—8a 所示，根据立体图画圆柱截割体的三视图。

分析：

圆柱被截平面截割，共切去四部分形体。左端被两个水平面和两个侧平面截割，切口的水平投影为矩形，侧面投影为圆的一部分。右端由两个正平面和一个侧平面截割而成，正平面和侧平面的水平投影均为直线，因此右端切口的水平投影具有积聚性。最后在左端的切口上切出一个圆柱形的通孔，其水平投影积聚成圆形。

作图步骤：

（1）画出整个圆柱的三面投影，画切去左端上、下两块的三面投影，如图 3—8b 所示。

（2）画切出右端槽后的三面投影，如图 3—8c 所示。

（3）画左端钻孔后的三面投影，如图 3—8d 所示。

2. 圆锥体的截割

圆锥体的投影比较简单，一面投影为圆形，另外两面投影为全等的等腰三角形，三角形

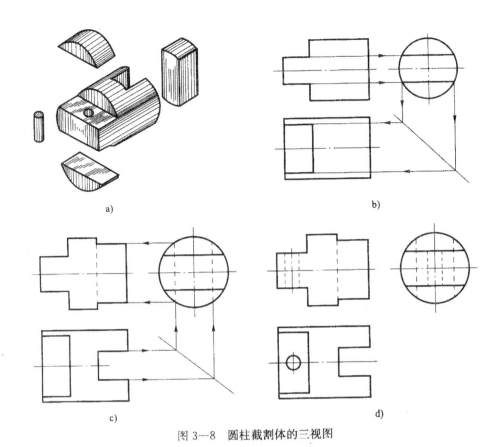

图 3—8 圆柱截割体的三视图

的高为圆锥的高，三角形的底边长为底面圆的直径。根据圆锥的摆放位置不同，反映圆的那个投影在不同的投影面上。

用平面截割圆锥时，根据截平面与圆锥轴线的位置不同，截交线有五种不同的情形。用平面截割圆锥体的投影见表 3—2。

表 3—2   **用平面截割圆锥体的投影**

截平面位置	垂直于轴线	与轴线倾斜（不平行任一素线）	平行于一条素线	平行于轴线	过锥顶
截交线	圆	椭圆	抛物线	双曲线	两相交直线
轴测图					
投影图					

※**例3—7** 如图3—9所示，已知圆锥截割体的主视图和部分俯视图，试完成圆锥截割体的三面投影。①

分析：

如图3—9a所示为用正垂面截割该圆锥体，为求其另外两面投影，可以通过找特殊位置点和一般位置点的方法来作图。圆锥表面的特殊位置点在圆锥的主视图和左视图的素线上以及中心线和三角形的底边上。水平投影的特殊位置点在底面圆周上或圆的对称中心线上。

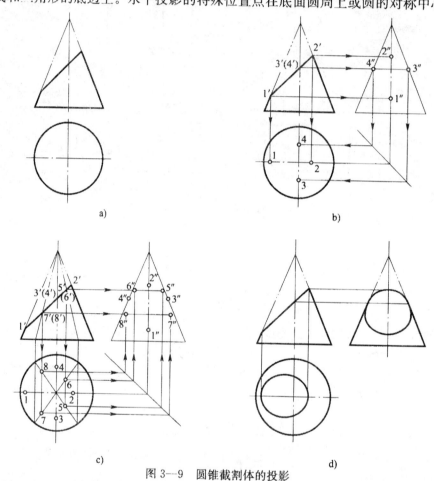

图3—9 圆锥截割体的投影

作图步骤：

（1）求特殊点的投影。首先补画完整圆锥体的左视图。在正面投影中确定截交线的最低点1′和最高点2′，最前面的点3′和最后面的点4′。根据正面投影画出点Ⅰ，Ⅱ，Ⅲ，Ⅳ的侧面投影1″，2″，3″，4″和水平投影1，2，3，4，如图3—9b所示。

（2）求一般位置点的投影。在正面投影1′，3′和1′，（4′）之间任取一对一般位置点7′，（8′）（不可见点的投影加括号），用辅助直线法画出其水平投影7，8和侧面投影7″，8″。同理，在2′，3′和2′，（4′）之间任取一对一般位置点5′，（6′），用辅助直线法画出其水平投影5，6和侧面投影5″，6″，如图3—9c所示。

---

① 加"※"号的题有一定难度，可根据学生专业选作。

（3）判断可见性，画出截交线。顺次连接各点的水平投影和侧面投影，形成封闭曲线，并描深截交线，擦去多余图线即可得到圆锥截割体的投影图，如图 3—9d 所示。

3. 球体的截割

用平面截割球体时，截交线的空间形状永远是圆形，如图 3—10a 所示。根据截平面相对于投影面的位置不同，截交线的投影可能是圆形、椭圆，也可能是直线。

如图 3—10 所示，用一个水平面截割球体，截交线的正面投影和侧面投影都积聚成为一条平行于坐标轴的水平直线，水平投影反映真实形状，是球体水平投影的同心圆。

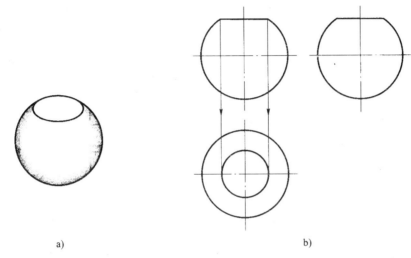

a)   b)

图 3—10 球体的截割

例 3—8 如图 3—11 所示，补全半球开槽后的水平投影和侧面投影。

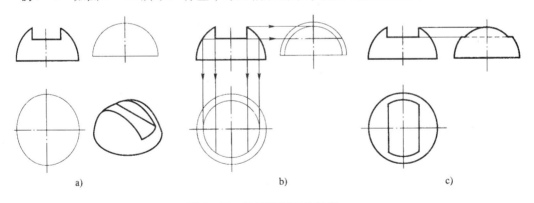

a)   b)   c)

图 3—11 半球截割后的投影

分析：

半球被两个对称的侧平面和一个水平面截割。两个侧平面与球面的截交线各为一段平行于侧面的圆弧，其侧面投影反映圆弧的实形，正面和水平投影各积聚成为一段直线段。水平面与球面的截交线为两段水平的圆弧，其水平投影反映圆弧的实形，正面和侧面投影各积聚成为一段直线段。

作图步骤：

（1）先画出完整的半球的俯视图及左视图，如图 3—11a 所示。

（2）根据截交线圆弧半径，分别作出截交线在水平投影面和侧投影面的投影，如图3—11b所示。

（3）根据截交线的可见性擦去多余的图线，将不可见的截交线画成细虚线，并将可见的轮廓线描深，如图3—11c所示。

4．组合回转体的截割

在实际生产中遇到的机件常常是由若干个同轴回转体组合而成的。求组合回转体的截交线时，首先要分析构成机件的各基本立体与截平面的相对位置关系、截交线的形状及投影特性，再逐一地画出截平面与各基本立体的截交线，然后按它们之间的相互关系连接起来。

※例3—9　如图3—12所示的顶尖为一曲面立体，试求其截交线的投影。

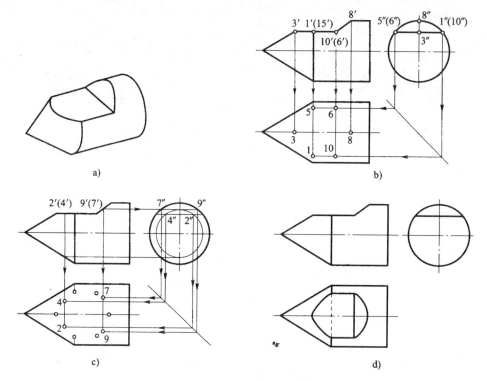

图3—12　曲面立体截割后的投影

分析：

顶尖是由圆锥体和同轴的圆柱体组合而成的，被一个水平面和一个正垂面截割而成。截交线由三部分组成：圆锥与平行于圆锥轴线的水平面截割得到的截交线为双曲线、圆柱与平行于圆柱轴线的水平面截割得到的两条平行于轴线的直线段、正垂面倾斜于圆柱轴线截割圆柱得到的椭圆的一部分。截交线的正面投影和侧面投影都具有积聚性，所以画图的主要任务是画出截交线的水平投影。

作图步骤：

（1）求特殊点的投影。根据正面投影和侧面投影找出圆锥和圆柱上的特殊点，并求出其水平投影1，3，5，6，8，10，如图3—12b所示。

（2）求一般位置点的投影。利用辅助平面法求截平面与圆锥表面的截交线上一般点的水平投影2，4，以及截平面斜截圆柱的椭圆形截交线上一般点的水平投影7，9，如图3—12c所示（此步骤可根据学生的专业选作）。

（3）将各点的水平投影顺次连接起来，判断截交线的可见性，擦去多余的图线，即得到所求的截交线的水平投影，如图3—12d所示。

三、立体与立体相交

两个基本几何体相交的表面交线称为相贯线，其中有平面立体与平面立体相交、平面立体与曲面立体相交和曲面立体与曲面立体相交三种情况。由于相贯线是两立体表面的交线，故相贯线是两立体表面的共有线，相贯线上的点是立体表面上的共有点。求画相贯线的实质就是要求出两立体表面一系列的共有点。

无论是平面立体还是曲面立体，当它们与平面立体相交时，都可以化解为平面与平面立体相交或者平面与曲面立体相交的情况，利用前面刚刚讲过的平面与几何体相交时截交线的求法来求解相贯线。

1. 平面立体与平面立体相交

两个平面立体相交所产生的相贯线一般是闭合的空间折线。折线的每一段是两个立体相交的棱面的截交线，折线的顶点是一个立体的棱线对另一个立体表面的贯穿点。因此，求两个平面立体的相贯线时，可以采用求两个平面交线的方法或求直线与平面交点的方法。

例3—10 如图3—13a所示，两个正三棱柱相交，已知俯视图和左视图，试补全其主视图。

分析：

如图3—13a所示，这两个正三棱柱垂直相交。它们的表面交线是一个闭合的空间折线，折线上的每一端点是一个棱柱的棱线对另一个棱柱表面的贯穿点。

两个棱柱的各个棱面均为特殊位置平面，其投影均具有特殊性。竖直的正三棱柱的各棱面是铅垂面，水平投影积聚成为正三角形；水平放置的正三棱柱的各个棱面是侧垂面，其侧面投影积聚成为正三角形。由于相贯线上的点是两个棱柱表面的共有点，所以相贯线上的点同时属于两个棱柱表面，其投影一定在对应棱柱表面的投影上。由此可以知道相贯线的水平投影在竖直的三棱柱的水平投影上，即与水平投影的正三角形重合。相贯线的侧面投影在水平放置的三棱柱的侧面投影上，即与侧面投影的正三角形重合。因此，只要求出相贯线的正面投影即可。

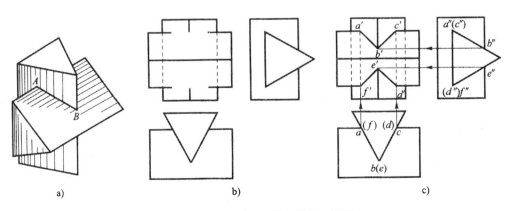

图3—13　两个平面立体相贯的三视图

作图步骤：

（1）根据投影关系，分别画出竖直正三棱柱和水平正三棱柱的主视图，如图 3—13b 所示。

（2）找出相贯线的转折点 A，B，C，D，E，F 的三面投影。

（3）顺次连接 a'，b'，c'，d'，e'，f' 成封闭折线，判断相贯线各段的可见性，将不可见轮廓线改画成虚线，补全轮廓线，并描深图线，如图 3—13c 所示。

2. 曲面立体与曲面立体相交

（1）圆柱与圆柱正交

如图 3—14a 所示，两个轴线垂直的圆柱相交，直立圆柱的直径小于水平圆柱的直径，其相贯线为两圆柱表面的共有点组成的封闭空间曲线，且前后、左右对称。

直立圆柱的水平投影具有积聚性，所以水平投影为圆形；水平放置的圆柱的侧面投影具有积聚性，所以其侧面投影为圆形。相贯线的水平投影在直立圆柱的水平投影（小圆）上，侧面投影积聚在水平圆柱的侧面投影（大圆）上，因此，只需作出相贯线的正面投影。

由于相贯线是前后、左右对称的，因此，在其正面投影中，可见的前半部分和不可见的后半部分重合，左、右两部分对称。现将用取点法画两圆柱相贯线的方法介绍如下：

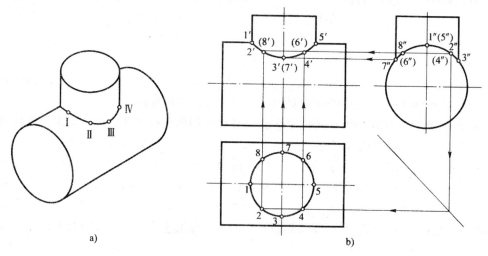

a)　　　　　　　　　　　　　b)

图 3—14　两圆柱正交的相贯线的作图步骤

作图步骤：

两圆柱正交的相贯线的作图步骤如图 3—14b 所示。

1）求特殊点的投影。相贯线的最高点 I 和 V 也是相贯线的最左和最右两点，最低点 III 和 VII 同时也是相贯线上的最前和最后两点。首先确定水平投影 1，3，5，7 和侧面投影 $1''$，$3''$，$(5'')$，$7''$，然后根据点的投影规律求出这四个点的正面投影 $1'$，$3'$，$5'$，$(7')$。

2）求一般位置点的投影。在相贯线的水平投影圆上的特殊点之间适当地定出若干个一般位置点的水平投影，如 2，4，6，8 等点，再按投影关系作出它们的侧面投影 $2''$，$(4'')$，$(6'')$，$8''$。然后根据水平投影和侧面投影可求出其正面投影 $2'$，$4'$，$(6')$，$(8')$。

3）顺次将 $1'$，$2'$，$3'$，$4'$，$5'$ 光滑连接。由于相贯线是前后对称的，所以其正面投影前、后两部分重合。

在一些对相贯线的准确性没有特殊要求的时候，可以省略一般位置点的作图，也可采用圆弧代替相贯线的简化画法，如图3—15所示为用简化画法求圆柱的相贯线。

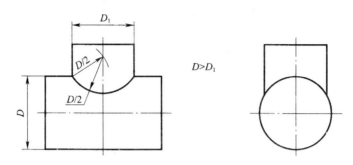

图3—15　用简化画法求圆柱的相贯线

两圆柱正交有三种情况：两外圆柱面相交，如图3—16a所示；外圆柱面与内圆柱面相交，如图3—16b所示；两内圆柱面相交，如图3—16c所示。不论是外圆柱面与外圆柱面相交、外圆柱面与内圆柱面相交，还是内圆柱面与内圆柱面相交，相贯线的性质和作图方法都是相同的，只需将不可见的部分用虚线来表示，如图3—16b，c所示。

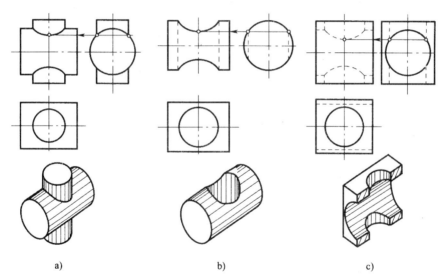

图3—16　两圆柱相交的三种情况

a）两外圆柱面相交　b）外圆柱面与内圆柱面相交　c）两内圆柱面相交

两圆柱直径的相对大小对相贯线的形状和位置也有一定的影响，如图3—17所示为两外圆柱面正交的三种情况。当两圆柱的直径不同时，相贯线总是向大圆柱的轴线方向弯曲，如图3—17a，b所示。当两圆柱直径相同时，相贯线空间形状为两相交的椭圆，其正面投影为正交的两条直线，如图3—17c所示。

（2）圆柱与圆锥正交

如图3—18a所示，一水平圆柱与直立的圆台相交。圆柱的侧面投影积聚为圆，所以相贯线的侧面投影也积聚在这个圆周上。而圆台的水平投影和正面投影没有积聚性，所以要作出相贯线在主视图和俯视图上的投影。

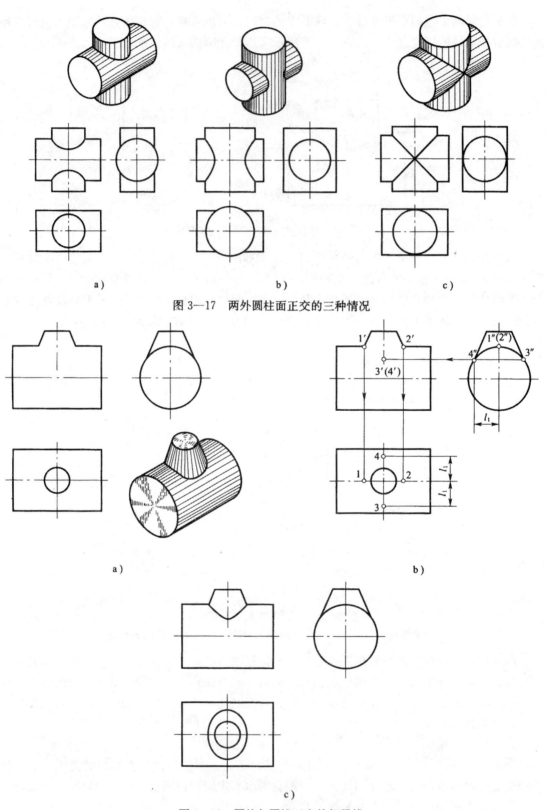

图 3—17　两外圆柱面正交的三种情况

a)　　　　　　　　　　　b)

图 3—18　圆柱与圆锥正交的相贯线

c)

作图步骤：

1) 根据投影关系，在三个视图中分别找出相贯线的最高点 1 点和 2 点的三面投影以及最低点 3 点和 4 点的三面投影，如图 3—18b 所示。

2) 光滑连接各点的同面投影，即得到圆柱与圆锥的相贯线在主视图和俯视图中的投影，如图 3—18c 所示。

（3）同轴回转体相交

两曲面立体相交，相贯线通常是空间曲线，但在特殊情况下也可能是平面曲线。同轴回转体的相贯线如图 3—19 所示，两个曲面立体具有公共轴线时，相贯线为与轴线垂直的平面圆形，其投影可能是平面圆形或是直线。

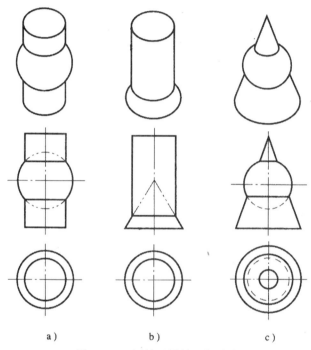

a)   b)   c)

图 3—19　同轴回转体的相贯线

第二节　轴测图

用正投影法绘制的三视图能准确地表达物体各部分的形状，但这种图样缺乏立体感，直观性差。为了弥补不足，工程上有时也采用富有立体感的轴测图来表达设计意图。

轴测图也是发展空间构思能力的手段之一，通过画轴测图，可以帮助学习者想象物体的形状，以培养其空间想象力。

将如图 3—20 所示的正投影图与轴测图进行比较后发现：

图 3—20a 是物体的正投影图，它能确切地表示物体的形状，且作图简单。但由于缺乏立体感，对没有读图能力的人来说，不容易想象出物体的形状。

图 3—20b 是同一物体的轴测图，它的优点是富有立体感，缺点是产生变形，不能确切地表示物体的真实大小，且作图较复杂，所以只能作为辅助图样使用。

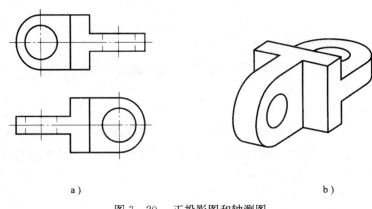

a)   b)

图 3—20   正投影图和轴测图

a）正投影图   b）轴测图

一、轴测图的基本知识

1. 轴测图的形成

如图 3—21 所示，假如以垂直于投影面 H 的 S 方向为投射方向，用平行投影法将物体向 H 面投射，所得到的投影图为正投影图，它只表示出 X 和 Y 两个坐标方向，立体感较差。假如将物体连同其直角坐标系，沿不平行于任一坐标平面的方向 S_1，用平行投影法将其投射在单一投影面上，所得到的图形可以表达物体三个方向的形状，具有较强的立体感。

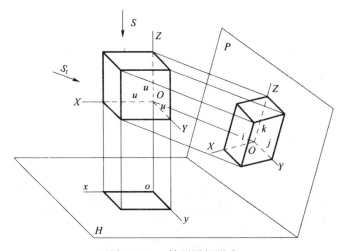

图 3—21   轴测图的形成

这种将物体连同其直角坐标系，沿不平行于坐标平面的方向，用平行投影法将物体投射在单一投影面上所得到的图形称为轴测投影图，简称为轴测图，如图 3—21 所示。

图中的平面 P 称为轴测投影面。空间直角坐标轴 OX，OY，OZ 在轴测投影面上的投影称为轴测投影轴，简称轴测轴。

2. 轴间角和轴向伸缩系数

在轴测图中，任意两直角坐标轴在轴测投影面上的投影之间的夹角称为轴间角。直角坐标轴的轴测投影的单位长度与相应直角坐标轴上的单位长度的比值称为轴向伸缩系数。

在图 3—21 中，设 u 为直角坐标轴上的单位长度，i，j，k 为相应直角坐标轴的轴测投影的单位长度，则 i，j，k 与 u 的比值分别为 OX，OY，OZ 轴的轴向伸缩系数，并以 $p_1=i/u$，$q_1=j/u$，$r_1=k/u$ 表示 OX，OY，OZ 轴的轴向伸缩系数。

3. 轴测图的基本特性

由于轴测图是由平行投影得到的一种投影图，它具有平行投影的基本特性。其主要特性概括如下：

（1）空间平行的线段，其轴测投影仍平行，且长度比不变。与直角坐标轴平行的线段，其轴测投影必与相应的轴测轴平行。

（2）与轴测轴平行的线段，按该轴的轴向伸缩系数进行度量；与轴测轴倾斜的线段，不能按该轴的轴向伸缩系数进行度量，因此，绘制轴测图时必须沿轴向测量尺寸。

由以上平行投影的投影特性可知，当点在坐标轴上时，该点的轴测投影一定在该坐标轴的轴测投影上；当线段平行于坐标轴时，该线段的轴测投影一定平行于该坐标轴的轴测投影，且该线段的轴测投影与其实长的比值等于相应的轴向伸缩系数。

4. 轴测图的分类

轴测图可以分为正轴测图和斜轴测图，用正投影法得到的轴测投影称为正轴测图，用斜投影法得到的轴测投影称为斜轴测图。

根据轴向伸缩系数的不同，轴测图又可分为等轴测图、二轴测图和三轴测图。

本章介绍正等轴测图和斜二轴测图的画法。

二、正等轴测图及其画法

1. 轴间角和轴向伸缩系数

（1）轴间角

正等轴测图的轴间角为 120°，即 $\angle XOY=\angle YOZ=\angle ZOX=120°$。正等轴测图中坐标轴的位置如图 3—22 所示，一般使 OZ 轴处于铅垂位置，OX 轴和 OY 轴分别与水平线成 30°角。

（2）轴向伸缩系数

根据计算，正等轴测图的轴向伸缩系数均相等，即 $p_1=q_1=r_1=0.82$。为了作图方便，常采用简化的轴向伸缩系数，即 $p=q=r=1$。用简化轴向伸缩系数画的正等测图，其形状不变，只是三个轴向尺寸比用轴向伸缩系数为 0.82 所画的正等轴测图放大 $1/0.82 \approx 1.22$ 倍。

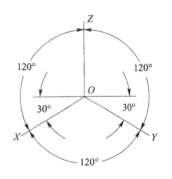

图 3—22　正等轴测图中
坐标轴的位置

2. 正等轴测图的画法

（1）平面立体的正等轴测图

1）坐标定点法　画平面立体的轴测图时，最基本的方法是坐标定点法。根据物体形状的特点，选定恰当的坐标轴及坐标原点，再按物体上各点的坐标关系画出各点的轴测投影，连接各点的轴测投影即得到物体的轴测图，这种方法称为坐标定点法。现举例说明平面立体正等轴测图的画法。

例 3—11　画正三棱锥的正等轴测图。

画正三棱锥的正等轴测图时，可用坐标定点法作出正三棱锥上 S，A，B，C 四个顶点的正等轴测投影，将相应的点连接起来即得到正三棱锥的正等轴测图。

正三棱锥正等轴测图的画法如图3—23所示，其作图步骤如下：

（1）在正投影图中，选择顶点 B 作为坐标原点 O，并确定坐标轴，如图3—23a所示。

（2）画轴测图的坐标轴，并在 OX 轴上直接取 A，B 两点，使 $OA=ab$，再按 c_X，c_Y 确定 C，按 s_X，s_Y，s_Z 确定 S，如图3—23b所示。

（3）分别连接 S，A，B，C 点，擦去作图线，加深可见棱线，即得到正三棱锥的正等轴测图，如图3—23c所示。

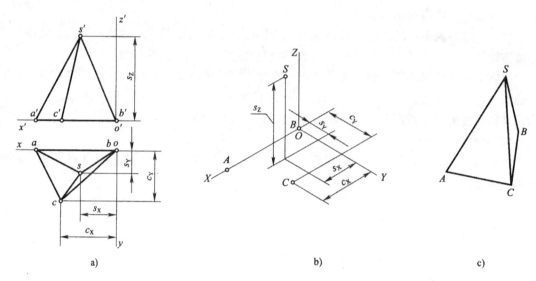

图3—23　正三棱锥正等轴测图的画法

例3—12　画正六棱柱的正等轴测图。

画正六棱柱的正等轴测图时，可用坐标定点法作出正六棱柱上各顶点的正等轴测投影，将相应的点连接起来即得到正六棱柱的正等轴测图。为了使图形清晰，轴测图上一般不画不可见轮廓线。

正六棱柱正等轴测图的画法如图3—24所示，其作图步骤如下：

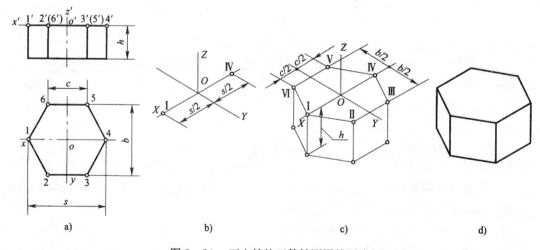

图3—24　正六棱柱正等轴测图的画法

（1）在正投影图中选择顶面中心 O 作为坐标原点，并确定坐标轴，如图 3—24a 所示。

（2）画轴测图的坐标轴，并在 OX 轴上取两点 I 和 IV，使 OI $=O$IV $=s/2$，如图3—24b所示。

（3）用坐标定点法作出顶面四点 II，III，V，VI，连接各顶点，过各顶点向下画侧棱，再按高度 h 截取底面各可见点的轴测投影，如图 3—24c 所示。

（4）连接各可见点，擦去作图线，加深可见棱线，即得到正六棱柱的正等轴测图，如图 3—24d 所示。

2）拔出法　拔出法适用于板式造型的结构，如图 3—25a 所示为带燕尾槽的平板立体的正投影图，可以把该立体看成是主视图的形状向后拔出一定的厚度形成的。

例 3—13　画带燕尾槽的平板立体的正等轴测图。

带燕尾槽的平板立体正等轴测图的画法如图 3—25 所示。

（1）画图时，可先根据主视图画出正面形状，如图 3—25b 所示。

（2）然后过各个顶点作 Y 轴的平行线向后拔出，按 Y 方向分别截取厚度 32 mm，依次连线，如图 3—25c 所示。

（3）最后擦去多余的作图线，加深可见轮廓线，即可得到平板立体的正等轴测图，如图 3—25d 所示。

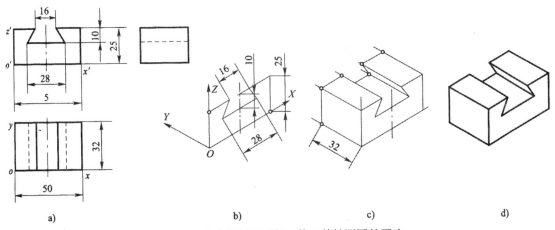

图 3—25　带燕尾槽的平板立体正等轴测图的画法

3）切割法

例 3—14　画带切口平面立体的正等轴测图。

带切口平面立体正等轴测图的画法如图 3—26 所示。

方法一：

如图 3—26a 所示为一带切口平面立体的正投影图，可以把该立体看成是一个完整的长方体被切割掉 I，II 两部分。

（1）根据该平面立体的形状特征，画图时应先按完整的长方体来画，如图 3—26b 所示。

（2）再画被切去 I，II 两部分的正等轴测图，如图 3—26c 所示。

（3）最后擦去被切割部分的多余图线，加深可见轮廓线，即得到带切口平面立体的正等轴测图，如图 3—26d 所示。

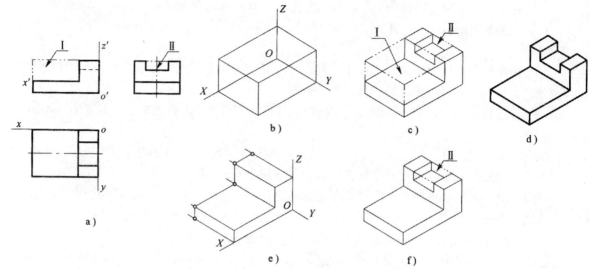

图 3—26 带切口平面立体正等轴测图的画法

方法二：

该形体还可以被看成是一个弯板，右侧立板的上中部被切掉一个长方体Ⅱ，具体画法是：

先用拔出法画出弯板的轴测图，如图 3—26e 所示；然后再画出切去的长方体Ⅱ，如图 3—26f 所示；最后整理图形，并描深图线。

（2）回转体的正等轴测图

常见的回转体有圆柱体、圆锥体等。在画它们的正等轴测图时，首先用四心近似椭圆画法画出回转体中平行于坐标面的圆的正等轴测图，然后再画出整个回转体的正等轴测图。

1）平行于坐标面的圆 平行于坐标面的圆的轴测图是椭圆。画图方法有坐标定点法和四心近似椭圆画法。由于坐标定点法作图较烦琐，所以常用四心近似椭圆画法。

四心近似椭圆画法是用光滑连接的四段圆弧代替椭圆，作图时需要求出这四段圆弧的圆心、切点及半径。如图 3—27 所示为水平圆正等轴测图的四心近似椭圆画法，其作图步骤如下：

①以圆心 O 为坐标原点，OX，OY 为坐标轴，作圆的外切正方形，a，b，c，d 为四个切点，如图 3—27a 所示。

②在 OX 和 OY 轴上，按 $OA=OB=OC=OD=d/2$ 得到四个点，并作圆外切正方形的正等轴测图——菱形，其长对角线为椭圆长轴方向，短对角线为椭圆短轴方向，如图 3—27b 所示。

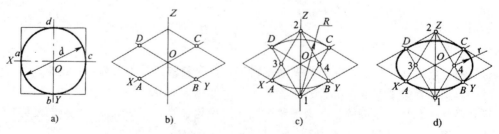

图 3—27 水平圆正等轴测图的四心近似椭圆画法

③分别以 1 和 2 为圆心，1D 和 2B 为半径 R 作大圆弧$\overset{\frown}{AB}$和$\overset{\frown}{CD}$，连接 1D，2A，1C，2B 得到 3 和 4 两个交点，如图 3—27c 所示。

④以 3 和 4 为圆心，分别以 3A 和 4B 为半径 r 作小圆弧$\overset{\frown}{AD}$和$\overset{\frown}{BC}$，即得到近似椭圆，如图 3—27d 所示。

如图 3—28 所示为平行于各坐标面的圆的正等轴测图。由图可知，它们的形状、大小相同，画法一样，只是长、短轴方向不同。各椭圆长、短轴的方向为：

平行于 XOY 坐标面的圆的正等轴测图，其长轴垂直于 OZ 轴，短轴平行于 OZ 轴。

平行于 XOZ 坐标面的圆的正等轴测图，其长轴垂直于 OY 轴，短轴平行于 OY 轴。

平行于 YOZ 坐标面的圆的正等轴测图，其长轴垂直于 OX 轴，短轴平行于 OX 轴。

各椭圆的长轴约等于 1.22d，短轴约等于 0.7d（d 为圆的直径）。

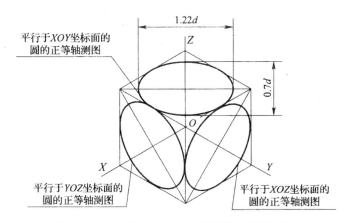

图 3—28　平行于各坐标面的圆的正等轴测图

例 3—15　画圆柱的正等轴测图。

圆柱正等轴测图的画法如图 3—29 所示，其作图步骤如下：

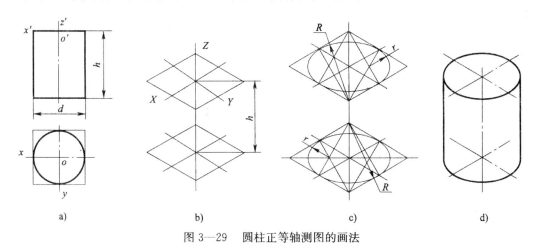

图 3—29　圆柱正等轴测图的画法

（1）在正投影图中选定坐标原点和坐标轴，如图 3—29a 所示。

（2）画轴测图的坐标轴，按 h 确定上、下底中心，并作上、下底菱形，如图 3—29b 所示。

（3）用四心近似椭圆画法画出上、下底椭圆，如图 3—29c 所示。

（4）作上、下底椭圆的公切线，擦去作图线，加深可见轮廓线，完成全图，如图3—29d 所示。

例 3—16 画圆台的正等轴测图。

圆台正等轴测图的画法如图 3—30 所示，其作图步骤如下：

（1）画轴测图的坐标轴，按 h，d_1，d_2 分别作上、下底菱形，如图 3—30b 所示。

（2）用四心近似椭圆画法画出上、下底椭圆，如图 3—30c 所示。

（3）作上、下底椭圆的公切线，擦去作图线，加深可见轮廓线，完成全图，如图3—30d 所示。

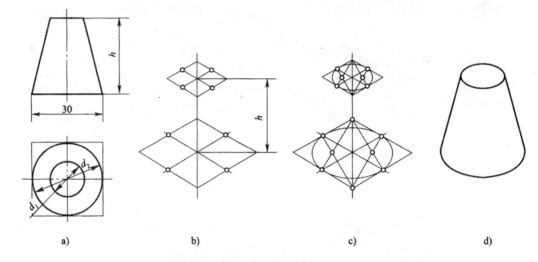

| a) | b) | c) | d) |

图 3—30　圆台正等轴测图的画法

2）正等轴测图中圆角的画法　物体上常遇到由四分之一圆弧形成的圆角，其正等测轴测投影为四分之一椭圆。

例 3—17　如图 3—31a 所示为一直角弯板的三视图，它由底板和竖板组成，底板和竖板上均有圆角，试画出其正等轴测图。

作图步骤：

（1）根据三视图先画直角弯板不带圆角的正等轴测图，如图 3—31b 所示。

（2）以 R_1 和 R_2 确定切点，过切点作垂线，其交点就是圆弧的圆心，如图 3—31c 所示；以各圆弧的圆心到其垂足（切点）的距离为半径在两切点间画圆弧，即得到该形体上所求圆角的正等轴测图。

（3）应用圆心平移法，将圆心和切点向厚度方向平移 h（见图 3—31d），即可画出相同部分圆角的轴测图，如图 3—31e 所示。

三、斜二轴测图及其画法

1. 轴间角和轴向伸缩系数

（1）轴间角

斜二轴测图是用斜投影法得到的。由于坐标面 XOZ 平行于轴测投影面 P，它在 P 面上

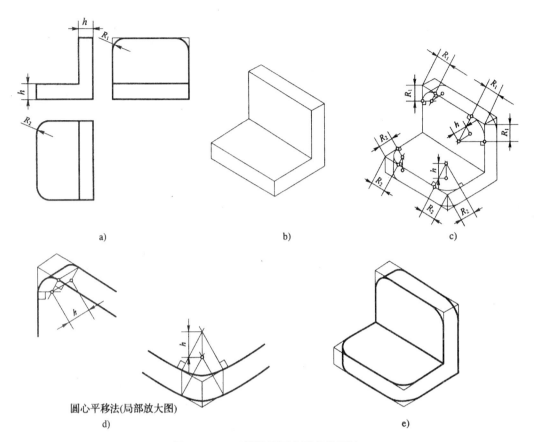

a)　　　　　　　　b)　　　　　　　　c)

圆心平移法(局部放大图)

d)　　　　　　　　　　　　　　　e)

图 3—31　正等轴测图中圆角的画法

的投影反映实形。斜二轴测图的轴间角和轴测图中坐标轴的位置如图 3—32 所示。图中 $\angle XOZ=90°$，$\angle XOY=\angle YOZ=135°$。

画图时，OZ 轴铅垂放置，OX 轴水平放置，OY 轴与水平成 45°角。

（2）轴向伸缩系数

斜二轴测图的轴向伸缩系数 $p_1=r_1=1$，$q_1=0.5$。画斜二轴测图时，凡平行于 X 轴和 Z 轴的线段按 1∶1 量取，平行于 Y 轴的线段按 1∶2 量取。

2. 斜二轴测图的画法

（1）平面立体的斜二轴测图及其画法

例 3—18　画出凸块的斜二轴测图。

凸块斜二轴测图的画法如图 3—33 所示，其作图步骤如下：

（1）在三视图上确定左前下角的顶点为坐标原点，找出坐标轴 OX，OY，OZ，如图 3—33a 所示。

（2）画出斜二等测的三根轴测轴 OX，OY，OZ，在 XOZ 平面内作出凸块前面的图形，

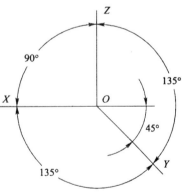

图 3—32　斜二轴测图的轴间角和
轴测图中坐标轴的位置

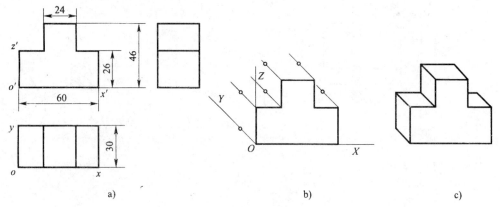

图 3—33　凸块斜二轴测图的画法

然后从各顶点作 OY 轴的平行线，并截取 Y 方向尺寸 15 mm（30/2），得到各个顶点的位置，如图 3—33b 所示。

（3）连接各顶点，擦去多余图线，加深轮廓线，即得到凸块的斜二轴测图，如图3—33c 所示。

例 3—19　画出四棱台的斜二轴测图。

四棱台斜二轴测图的画法如图 3—34 所示，其作图步骤如下：

（1）取四棱台的底面中心为坐标原点，如图 3—34a 所示，作轴测轴 X，Y，Z，在 X 轴上量取 $O2=O4=b/2$；在 Y 轴上量取 $O1=O3=b/4$，过 1，3 和 2，4 点分别作 X 轴和 Y 轴的平行线，得到的四边形为四棱台底面的斜二轴测图；在 Z 轴上截取 $OO_1=h$，过 O_1 点用与底面相同的方法画出顶面的斜二轴测图，如图 3—34b 所示。

（2）连接顶面和底面对应的各顶点，得到 4 条侧棱。

（3）擦去多余图线并加深轮廓线，即得到四棱台的斜二轴测图，如图 3—34c 所示。

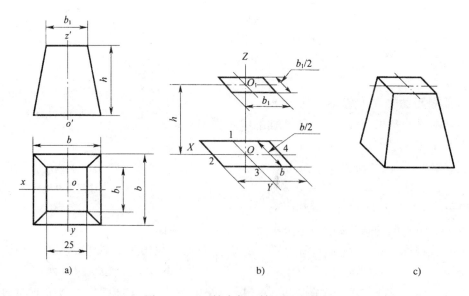

图 3—34　四棱台斜二轴测图的画法

（2）带有正圆立体的斜二轴测图及其画法

斜二轴测图的 OX 轴与 OZ 轴的夹角为 $90°$，轴向伸缩系数为 1，斜二轴测图中平行于 XOZ 平面的投影反映实形，因此，平行于 XOZ 平面的圆的轴测投影仍然是圆。

例 3—20　画出支架的斜二轴测图。

分析：

该支架正面有孔且有圆弧，形状较为复杂，但是该支架只有一个方向有圆。而在斜二轴测图中，所有平行于 XOZ 平面的投影都反映实形，因此，该图适宜采用斜二轴测图来完成。

作图步骤：

支架斜二轴测图的画法如图 3—35 所示。

（1）如图 3—35a 所示，取圆弧和孔所在的平面为正平面，在轴测投影面 XOZ 上得到与主视图（见图 3—35a）相同的实形，支架宽为 L，反映在 Y 轴上应为 $L/2$。

（2）将圆心 O 沿 Y 轴向后移 $L/2$，确定 O_1 点的位置，以 O_1 为定位点画后面的圆及其他部分，如图 3—35b 所示。

（3）擦去多余的图线并加深轮廓线，完成全图，如图 3—35c 所示。

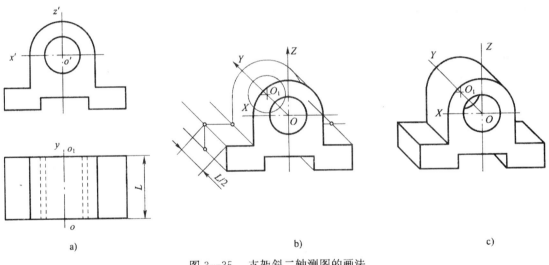

图 3—35　支架斜二轴测图的画法

四、轴测图的选择

轴测图的主要优点就是立体感强，因此，在选择轴测图时应首先考虑立体感要强，其次在此基础上要考虑作图应简便，以便提高效率。

机件的结构及形状种类很多，在画轴测图时，应根据不同机件的结构及形状特征合理地选择轴测图的种类，如对于连杆、端盖及其一个方向上有较多圆和圆弧的盘类零件，一般用斜二轴测图作图最方便；如果机件多方向有圆和圆弧时，则用正等轴测图作图较方便，因为正等轴测图在不同轴测坐标面上画椭圆的方法相同，从而使画图变得更为方便。

另外，有些机件的结构会因为选择轴测图的表达方向不同而使表达效果变化极大，甚至会因为选择不当而无法读懂。

下面就几个机件的不同轴测图的表达效果进行比较，见表 3—3。

表 3—3	**不同轴测图表达效果的比较**

图例	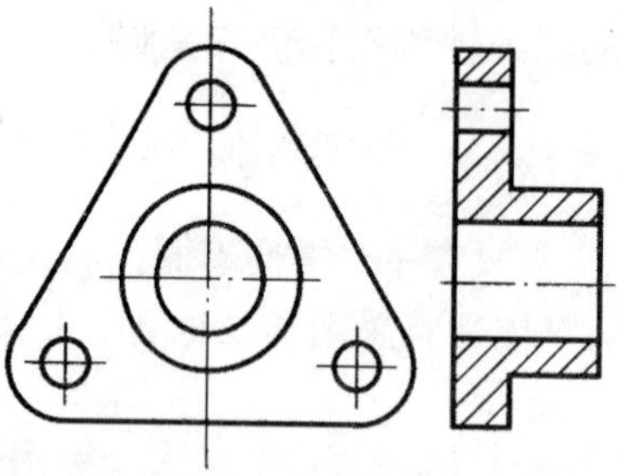  
说明	画正等轴测图时需要画许多椭圆，而且对通孔结构表达得不够清楚 斜二轴测图不仅作图方便，立体感强，对于机件上的通孔结构表达得也非常完整、清晰
图例	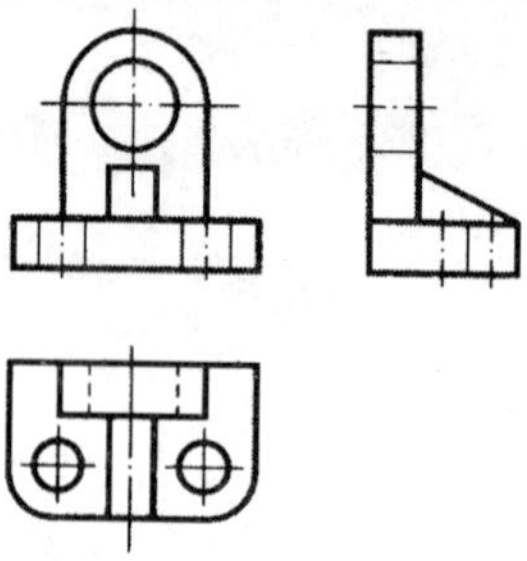  
说明	正等轴测图表达得比较自然，并且不同轴测平面上圆的表达方法相同，作图较为简单 斜二轴测图立体感较强，但是不平行于 *XOZ* 坐标平面的椭圆画法较为复杂，给画图增加许多不必要的工作量
图例	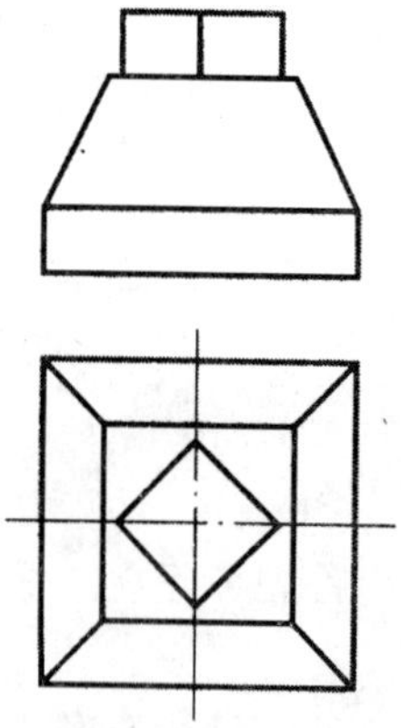 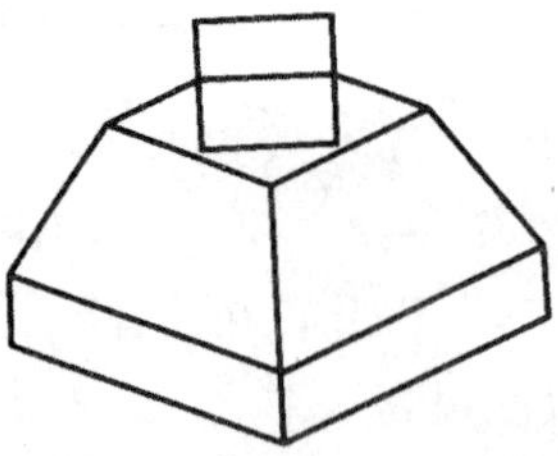 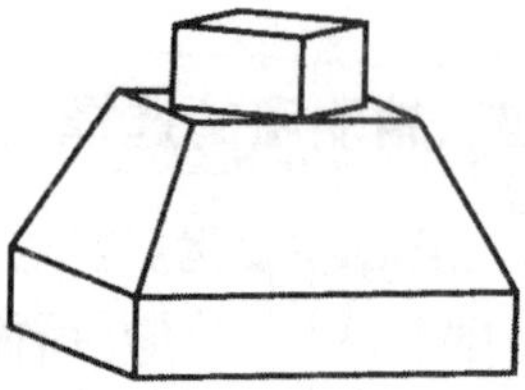
说明	该机件为正四棱体，两个方向对称，采用正等轴测图时，上部的四棱柱的棱面重叠在一起，底座的侧棱重叠在一起，因此不宜采用正等轴测图；显然采用斜二轴测图时立体效果更好

五、轴测草图的画法

不使用绘图仪器和工具，通过目测形体各部分的尺寸和比例，徒手画出的图称为草图。草图是设计构思、零部件测绘、技术交流常用的绘图方法。草图虽然是徒手绘制的，但绝不是潦草的图，仍然需做到：图形正确、线条粗细分明、自成比例、字体工整、图面整洁。

徒手绘图具有灵活、快捷的特点，有很大的实用价值，特别是随着计算机绘图的普及，徒手绘制草图的应用将更加灵活也更加广泛。

1. 徒手绘图的基本技法

(1) 直线的画法

画长直线时，眼睛不要盯住笔尖，要目视笔尖运行的方向和运行的终点，小指压住纸面，匀速运笔。

直线的画法如图3—36所示。如图3—36a所示，画水平线时，应自左向右画出，尽可能一次画成，图线较长时也可分几段画成，切忌一小段一小段地画；画垂直线时要自上而下运笔。为了方便，画图时可将图纸略微倾斜一些，如图3—36b所示。练习时可先用坐标纸，沿纵、横线运笔。

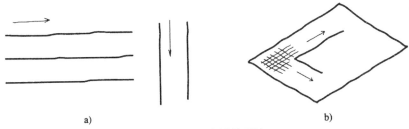

图3—36　直线的画法

(2) 等分线段和常用角度的画法

1) 等分线段

①八等分线段。如图3—37a所示，目测取得中点4，再取分点2和6，最后取其余分点1，3，5，7。

②五等分线段。如图3—37b所示，目测将线段分为2：3两段，得分点2，再得分点1，最后取3和4。

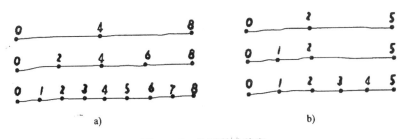

图3—37　徒手等分线段
a) 八等分线段　b) 五等分线段

等分线段需要较强的目测能力，需要进行反复练习。

2) 画常用角度时，可利用直角三角形两直角边的长度比定出两顶点，然后连成直线，如图3—38a所示；也可将半圆弧二等分或三等分，画出45°和30°，或将30°圆弧三等分，画出10°，如图3—38b所示。

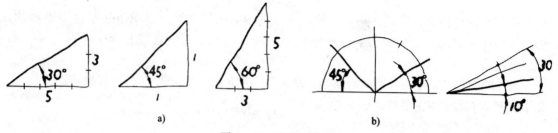

图3—38 画常用角度

a）画直角三角形 b）等分圆弧

（3）圆和椭圆的画法

画较小的圆时，可如图3—39a所示，在画出的中心线上按半径目测定出四个点，徒手画成圆；也可以过四个点先作正方形，再作内切的四段圆弧。画直径较大的圆时，取四点作圆不够准确，可如图3—39b所示，过圆心画两条45°斜线，并在斜线上也按半径目测定出四个点，然后过八个点作圆。

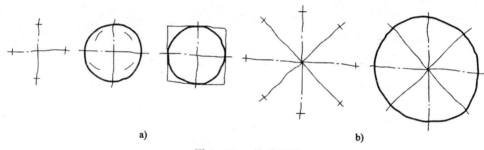

图3—39 徒手画圆

a）画小圆 b）画大圆

徒手画椭圆的一般方法如图3—40所示，根据已知的长、短轴定出四个端点1，3，5，7，画出椭圆的外切矩形，将矩形的对角线六等分，过长、短轴的端点（1，3，5，7）及对角线靠近外侧的等分点（2，4，6，8）共八个点徒手画出椭圆。

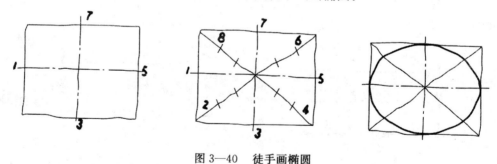

图3—40 徒手画椭圆

2. 平面图形轴测草图的画法

（1）轴测轴的画法

如图3—41a所示为正等轴测图轴测轴的画法。作水平线，取 O 点为轴测坐标轴的原点，画垂直线作为 OZ 轴，由点 O 向左在水平线上截取5等份，得到端点 M，过端点 M 作垂线，并在 M 点上、下各截取3等份，得点 A 和 A_1，连接 OA_1，即得到 OX 轴，连接 OA 并反向延长，即得到 OY 轴。

如图 3—41b 所示为斜二轴测图轴测轴的画法。先作 OX 轴和 OZ 轴，之后作 OX 轴与 OZ 轴的角平分线，然后作其反向延长线，得到 OY 轴。

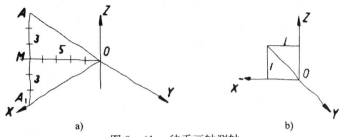

图 3—41　徒手画轴测轴
a）正等轴测图轴测轴的画法　b）斜二轴测图轴测轴的画法

（2）正三角形的画法

如图 3—42a 所示为正三角形的画法。已知三角形的边长 A_0B_0，过中点 O 作垂直线。五等分 OA_0，取 ON 等于 $\frac{3}{5}OA_0$，得到点 N，过点 N 作三角形的底边 AB，取线段 OC 等于两倍 ON，得到点 C，作出正三角形 ABC。

在轴测轴上按上述步骤绘图，即得到正三角形的轴测图，如图 3—42b 所示。

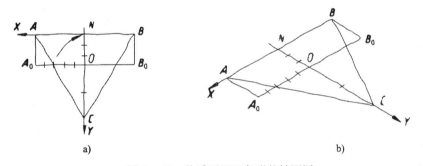

图 3—42　徒手画正三角形的轴测图

（3）正六边形的画法

如图 3—43a 所示为正六边形的画法。先作出两垂直中心线，然后根据已知的六边形边长截取 OA 和 OM，并六等分。过 OM 上的第五个等分点 K 和 OA 的中点 N 分别作水平线和垂直线，交于 B 点，再作出各对称点 C，D，E，F，将其顺次连接后得到正六边形。

采用上述方法，在正等轴测图轴测轴上画出正六边形的正等轴测图，如图 3—43b 所示。

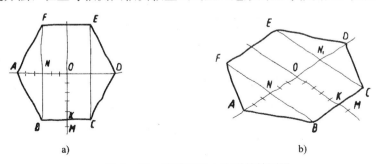

图 3—43　徒手画正六边形的轴测图

六、轴测图总结

在工程上常采用富有立体感的轴测图作为辅助图样来帮助说明零部件的形状,在某些场合(如绘制产品包装图等)则直接用轴测图来表示设计要求,并以此作为加工和检验的依据。常用的轴测图有正等轴测图和斜二轴测图两种。

1. 轴测投影的特性

(1) 空间互相平行的线段,在同一轴测投影中一定互相平行。与直角坐标轴平行的线段,其轴测投影必定与相应的轴测轴平行。

(2) 与轴测轴平行的线段,按该轴的轴向伸缩系数进行度量。与轴测轴倾斜的线段,不能按该轴的轴向伸缩系数进行度量。

2. 轴测图的选用原则

在选用轴测图时,既要考虑立体感强,又要考虑作图方便。

(1) 正等轴测图的轴间角以及各轴的轴向伸缩系数均相同,用 $30°$ 的三角板和丁字尺作图较简便,它适用于绘制各坐标面上都带有圆的物体。

(2) 当物体上一个方向上的圆及圆弧较多时,采用斜二轴测图比较简便。

具体选用哪种轴测图,应根据各种轴测图的特点及物体的具体形状进行综合分析,然后做出决定。

自我评价

1. 填空

(1) 正等轴测图的轴间角为 ( );斜二轴测图的轴间角中,( ) 轴与 ( ) 轴成 $90°$ 角,( ) 轴和 ( ) 轴分别与 ( ) 轴成 $135°$ 角。

(2) 正等轴测图常采用简化轴向伸缩系数,即 $p=q=r=$ ( )。用简化轴向伸缩系数画的正等轴测图轴向截取的比例为 ( );斜二轴测图的轴向伸缩系数 OX 和 OZ 轴为 ( ),OY 轴为 ( )。

2. 试补全如图 3—44 所示的被截割的四棱锥的三视图。

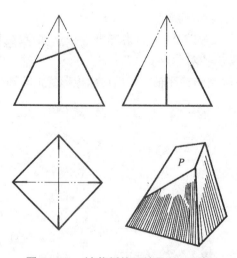

图 3—44 被截割的四棱锥的三视图

3. 试完成如图 3—45 所示的被截割的圆柱体的三视图。

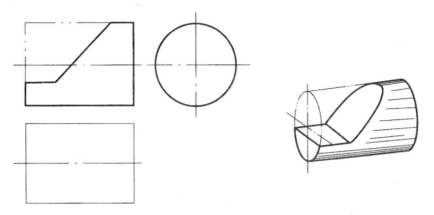

图 3—45　被截割的圆柱体的三视图

4. 根据图 3—46 所示的三视图画正等轴测图。

（1）　　　　　　　　　　　　　　　　（2）

（3）　　　　　　　　　　　　　　　　（4）

(5)   (6)

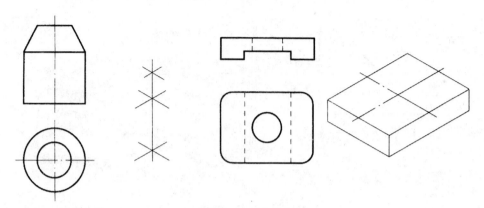

图 3—46   根据三视图画正等轴测图

5. 根据图 3—47 所示的视图画斜二轴测图。

(1)   (2)

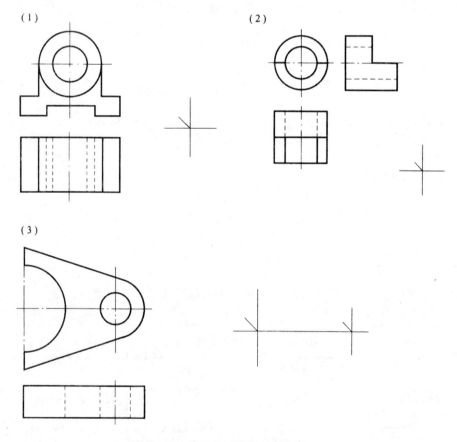

(3)

图 3—47   根据视图画斜二轴测图

第四章　组合体的视图

通过学习运用形体分析法画组合体视图和用形体分析法及面形分析法看组合体视图的基本方法，掌握组合体画图和看图的基本方法。

实例导入

如图 4—1 所示为一种常用的轴承座，它可以看做是由几个简单形体经过堆叠和钻孔得到的。本模块就是要学习用什么样的方法画、看组合体的三视图。

图 4—1　轴承座

问题探究

1. 组合体是怎样组成的？
2. 分析组合体形体的方法是什么？
3. 怎样画组合体的三视图？
4. 怎样看组合体的三视图？

能力构建

任何复杂的形体，都可以看成是由若干个基本体按一定的相对位置经过叠加或由一个基本形体经过多次切割而形成的。

一、组合体的组合形式

组合体的形状有简有繁，千差万别，但就组合形式来说，就是堆叠、切割和综合三种，如图 4—2 所示。

1. **堆叠**
堆叠是指用几个基本形体相互堆积、叠加而构成组合体的方法，如图 4—2a 所示。

2. **挖切**
挖切是指从较大的基本形体中挖出或切割出较小的基本形体而构成组合体的方法，如图 4—2b 所示。

3. **综合**
综合是指既有堆叠，又有挖切而构成组合体的方法，如图 4—2c 所示。

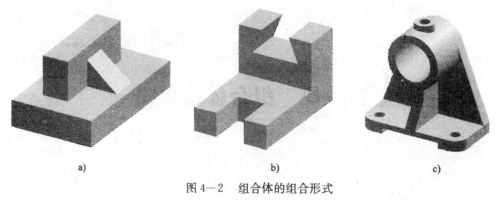

a)   b)   c)

图 4—2　组合体的组合形式

a) 堆叠　b) 挖切　c) 综合

二、组合体的表面连接关系

1. 共面

当两个基本体具有互相连接的一个面（共平面或共曲面）时，它们之间不存在分界线，视图上不应有线隔开，如图 4—3 所示为共面的画法。

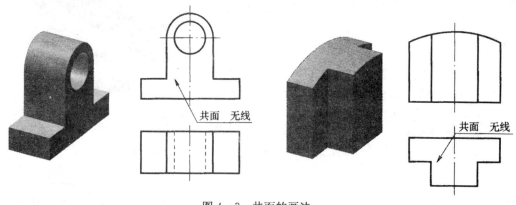

图 4—3　共面的画法

2. 不共面

两个基本体互相叠合时，除了叠合表面重合外，没有公共表面，在视图中两个基本体之间有分界线，如图 4—4 所示为不共面的画法。

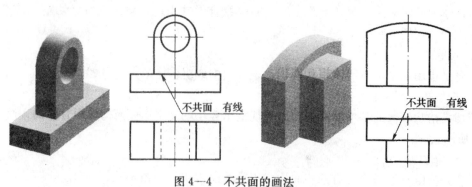

图 4—4　不共面的画法

3. 相切

如果两个基本体的相邻表面（平面与曲面或曲面与曲面）相切，它们之间相切处不存在轮廓线，不应画线，如图 4—5 所示为相切的画法。

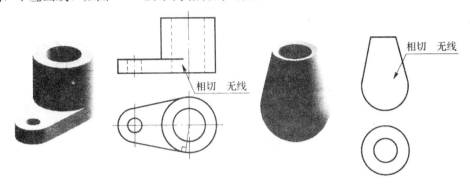

图 4—5　相切的画法

4. 相交

如果两个基本体的表面相交，画投影图时，应画出交线（截交线或相贯线），如图 4—6 所示为相交的画法。

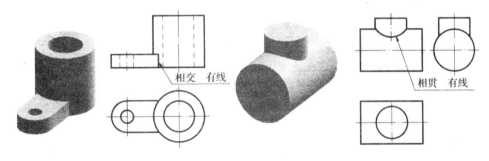

图 4—6　相交的画法

如图 4—7 所示为一个连杆。由于连接板的前、后面与两圆筒表面相切，因此在主视图上相切处不画线，连接板上表面在主视图上的投影应画到切点处。肋板的侧面与两圆筒的外表面均相交，有截交线。左端两圆筒相交，内、外表面均有相贯线，连杆相切与相交的画法如图 4—7 所示。

三、组合体三视图的画法

1. 形体分析

形体分析的方法：整体——部分——整体。

首先看清楚组合体的形状、结构特点以及表面之间的相互关系，明确组合形式。将组合体按其形体的组成特点分成若干个简单形体，对简单形体的形状及其投影进行分析，进一步了解各组成部分之间分界线的特点，为画三视图做好准备，研究清楚后，按照各简单形体在组合体中的相对位置将其组合到一起形成组合体。

下面对如图 4—8 所示的轴承座进行形体分析：

分析轴承座的形体时，可知它是由底板 1、支撑板 2、加强肋板 3、圆筒 4 以及凸台 5 组成的。如图 4—8b 所示，底板 1、支撑板 2 和加强肋板 3 两两互相衔接的组合形式为堆叠，

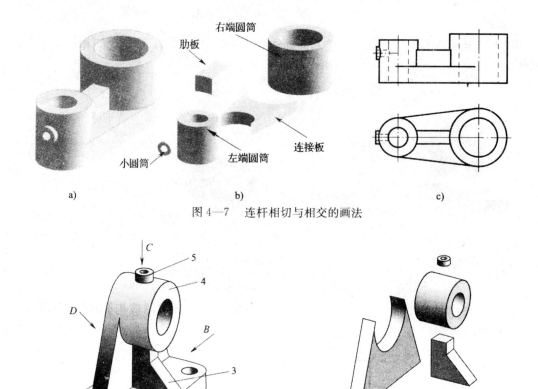

右端圆筒

肋板

连接板

小圆筒

左端圆筒

a)   b)   c)

图 4—7   连杆相切与相交的画法

C

5

4

D

B

3

2

A

C 1 F

a)   b)

图 4—8   轴承座

1—底板   2—支撑板   3—加强肋板   4—圆筒   5—凸台

底板 1 与支撑板 2 和圆筒 4 的后表面共面；支撑板 2 的左、右两侧面与圆筒 4 的外表面相切；加强肋板 3 与圆筒 4 相交；圆筒 4 和带有通孔的凸台 5 的组合关系为相贯，外表面和内孔壁分别有相贯线；底板 1 上有两个圆柱形通孔，底面还有一前后贯通的矩形槽。

2. 选择视图

画组合体三视图时首先要确定主视图，选择主视图通常要求应能较多地表达物体的形状和特征，即尽量将组成部分的形状和相互关系反映在主视图上，并使主要平面平行于投影面，以使投影较好地表达实体。如图 4—8a 所示，从 A 方向投影所得到的视图恰好能满足上述基本要求，故将其选为主视图。

主视图选定后，俯视图和左视图也随之确定，俯视图可以表达底板的形状及孔的位置；左视图可反映出加强肋板的形状，因此三个视图都必须画出，缺一不可。

3. 选择比例，确定图幅

视图选定后，要根据物体的大小选择适当的作图比例和图幅的大小，比例和图幅的选择要符合国家标准的规定。同时，在选择图幅的大小时，应考虑为标注尺寸、画标题栏等项目留有余地。

4. 布置图面

在画图前要先对图面进行整体布局，视图的摆放要根据不同方向上图形的大小、可能标注尺寸的多少进行分析，视图之间要为标注尺寸留出足够的间隔，确保尺寸标注后图形间仍有适当的余地，视图的总体布局要均匀，不应偏向一侧。

5. 作图

轴承座三视图的画图步骤见表4—1。

表4—1　　　　　　　　　　　　　轴承座三视图的画图步骤

图例	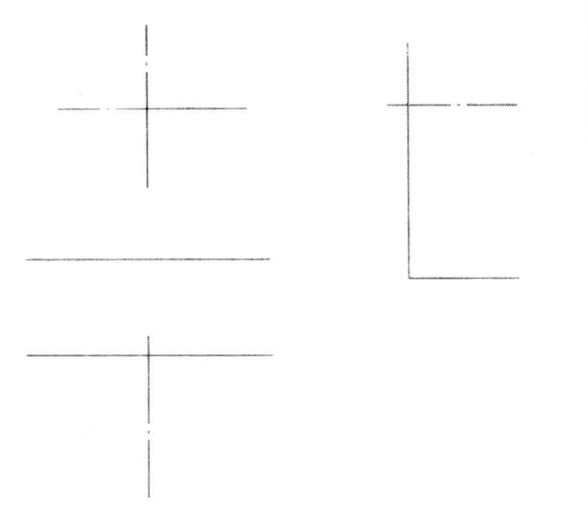	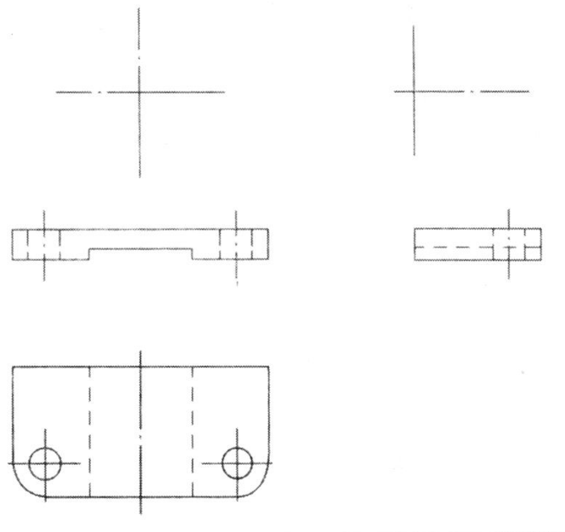
说明	a. 布置视图位置，先画骨架，同时要注意视图间"长对正、高平齐、宽相等"的投影关系	b. 画底板，确定孔的中心，画圆孔和圆角。因为俯视图为底板的特征视图，因此，从俯视图开始画，按照对应关系，三视图同时画
图例	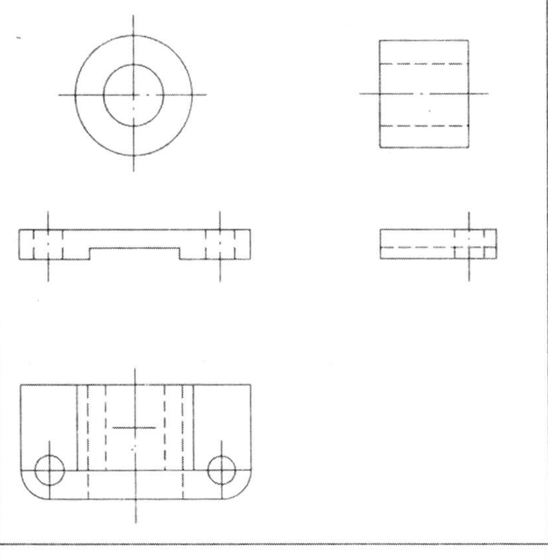	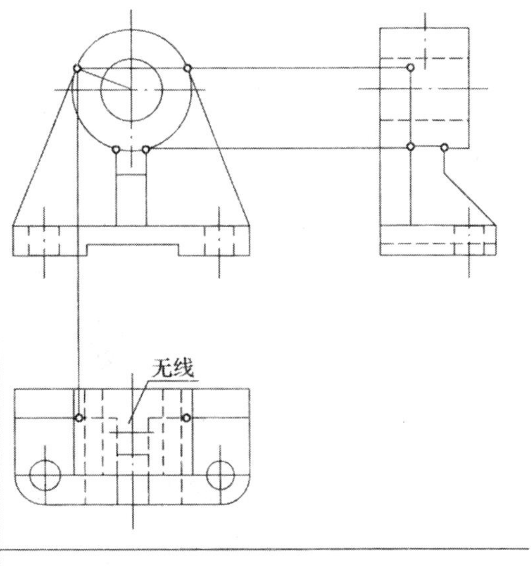
说明	c. 画圆筒，从主视图开始画，三视图同时画	d. 画支撑板，在主视图上自底板顶面的左、右两端作圆筒的切线，取支撑板的厚度画俯、左视图，注意切点的位置；画加强肋板，从主视图上确定交点，在左视图上画出加强肋板的形状特征

图例	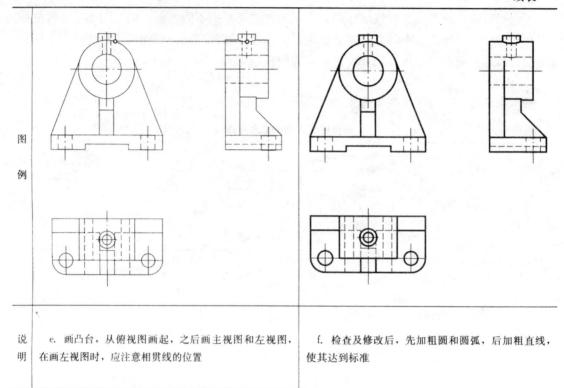
说明	e. 画凸台，从俯视图画起，之后画主视图和左视图，在画左视图时，应注意相贯线的位置	f. 检查及修改后，先加粗圆和圆弧，后加粗直线，使其达到标准

例 4—1　画支撑座三视图。

支撑座形成分析：

支撑座是由长方体经过切割（切去简单形体Ⅰ，Ⅱ，Ⅲ，Ⅳ）而成的，其三视图的画图步骤见表 4—2。

表 4—2　　　　　　　　　　　　支撑座三视图的画图步骤

形体分析	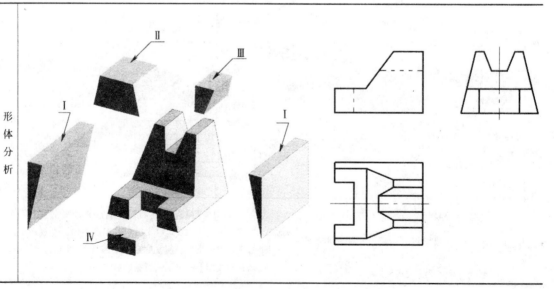

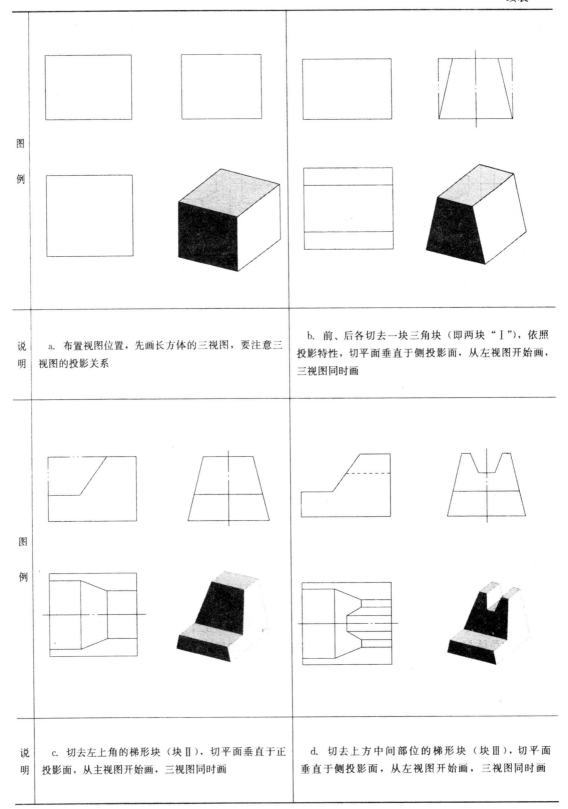

图例	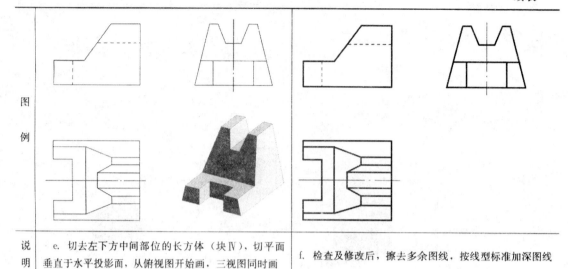
说明	e. 切去左下方中间部位的长方体（块Ⅳ），切平面垂直于水平投影面，从俯视图开始画，三视图同时画 f. 检查及修改后，擦去多余图线，按线型标准加深图线

四、组合体尺寸注法

一组投影图只能表示物体的形状，而物体的大小则必须通过标注尺寸加以确定，它与图形绘制时所用的比例无关。视图中的尺寸是加工机件的重要依据，因此注写尺寸时必须认真、细致。

1. 基本要求

三视图中标注尺寸的基本要求是正确、完整、清晰。

正确——尺寸标注必须符合国家标准中的有关规定。

完整——尺寸必须注写齐全，既不遗漏，也不重复。

清晰——尺寸布置要整齐、清晰、恰当，尽量注写在明显的地方，以便于读图。

2. 尺寸种类

组合体是由若干基本几何体按一定的位置和方式组合而成的，因此，在视图上除了要确定基本几何体的大小外，还需要确定它们之间的相对位置和组合体本身的总体尺寸。所以组合体的尺寸包括以下三种：

（1）定形尺寸——表示各基本几何体大小（长、宽、高）的尺寸。

（2）定位尺寸——表示各基本几何体之间相对位置（上下、左右、前后）的尺寸。

（3）总体尺寸——表示组合体总长、总宽、总高的尺寸。

3. 基本方法

标注组合体尺寸的基本方法是形体分析法。

保证尺寸标注完整的最适宜的办法是应用形体分析法，就是说将组合体分解为若干个基本形体，然后注出确定基本形体位置关系的定位尺寸，再逐个地注出这些基本形体的定形尺寸，最后注出组合体的总体尺寸。

4. 尺寸基准

标注尺寸的起点称为尺寸基准，简称基准。

组合体具有长、宽、高三个方向的尺寸，标注每一个方向的尺寸都应先选择好基准。标注时，通常选择组合体的底面、端面、对称面、轴线、对称中心线等作为基准。如图 4—9 所示轴承座的尺寸基准是：长度方向尺寸以对称面为基准；宽度方向尺寸以后端面为基准；高度方向尺寸以底面为基准。

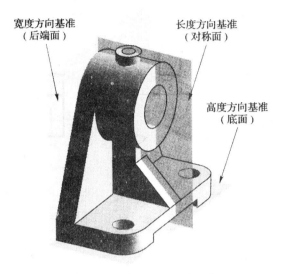

图 4—9　轴承座的尺寸基准

(1) 标注尺寸的注意事项

标注组合体视图的尺寸时，除了要求完整、准确地注出三类尺寸以外，还要注意尺寸的布置，使其标注得清晰，以便于阅读。因此，在标注尺寸时除应严格遵守国家标准的有关规定外，还要注意以下几点：

1) 组合体各组成部分的尺寸应尽量集中标注在反映各部分形状特征的投影上。轴承座的尺寸标注如图 4—10 所示，其中加强肋板的尺寸应尽可能注在侧面和正面投影上，底板尺寸应尽量注在水平投影上。

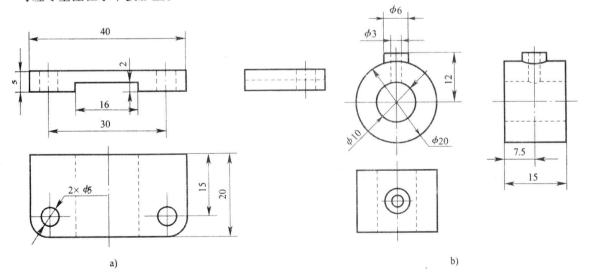

a)

b)

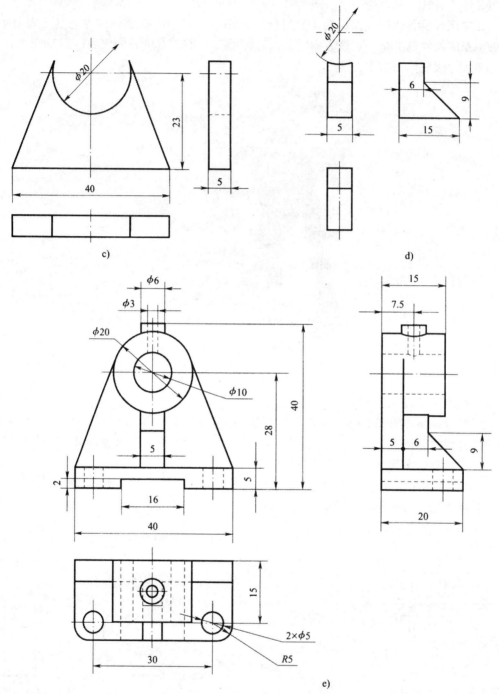

图 4—10　轴承座的尺寸标注

a) 底板的尺寸　b) 圆筒和凸台的尺寸　c) 支撑板的尺寸

d) 加强肋板的尺寸　e) 轴承座的完整尺寸

2) 表示同一形体的定形尺寸和定位尺寸应尽量注在一个或两个视图上，这样集中标注便于看图。如图 4—10b，e 中圆筒的定形尺寸 $\phi20$，$\phi10$，15 mm 及高度方向的定位尺寸 28 mm都注在正面和侧面投影中；底板上两个小孔的定形、定位尺寸则注在水平投影中。

3）尺寸应标注在表达该形体特征最明显的视图上，要尽量避免标注在虚线上。

4）对称结构的尺寸一般应对称标注。

5）尺寸应尽量标注在视图外边，并布置在两个视图之间。

6）圆的直径一般标注在投影为非圆的视图上，圆弧的半径则应标注在投影为圆弧的视图上。

7）多个尺寸平行标注时，应使较小的尺寸靠近视图，较大的尺寸依次向外分布，以免尺寸线与尺寸界线交错。

8）应避免标注封闭尺寸，如图4—11a中长度方向尺寸 L_1，L_2，L_3 中只标注其中两个尺寸即可，若三个尺寸全部注出，则形成封闭尺寸。如图4—11b中的尺寸 28 mm 不应注出。

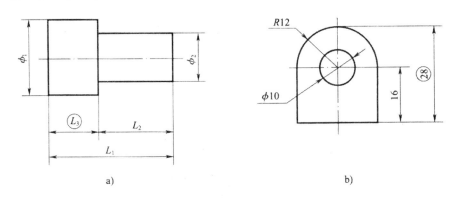

a)   b)

图4—11　尺寸不能注成封闭形式

在标注尺寸的过程中，有时难以兼顾以上各点，应该在保证正确、完整、清晰的前提下，根据具体情况统筹考虑，合理安排。

（2）标注尺寸的步骤

组合体尺寸的标注归纳起来可按以下步骤进行：

1）分析组合体由哪些基本形体组成。

2）选择组合体长、宽、高各方向的主要尺寸基准。

3）标注各基本形体相对于组合体基准的定位尺寸。

4）标注各基本形体的定形尺寸。

5）标注组合体的总体尺寸。

6）检查及调整尺寸。对标注的尺寸进行检查、整理和调整，把多余的及不合适的尺寸去掉。

五、看组合体视图

画图是将实物或想象（设计）中的物体运用投影法表达在图纸上，是一种从空间形体到平面图形的表达过程。看图，也就是通常所说的读图，是这一过程的逆过程，是根据平面图形（视图）想象出空间物体的结构及形状。对于初学者来说，看图是比较困难的，但是只要综合运用所学的投影知识，掌握看图的要领和方法，多看图，多想象，逐步锻炼由图到物的形象思维，就能不断地提高看图能力。为了正确而迅速地读懂视图，就必须掌握读图的基本要领和基本方法。

1. 读图的基本要领

（1）明确视图中线框和图线的含义

视图中每一个封闭线框可以表示物体上一个表面的投影，其表面可以是单一面（平面或曲面）、曲面及相切面（平面或曲面），也可以是凹坑、圆柱或通孔积聚的投影，如图4—12所示为视图中线框的含义。

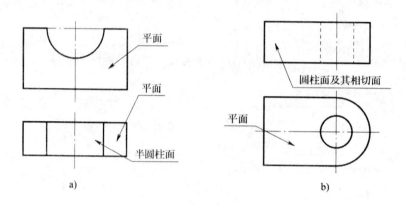

图4—12　视图中线框的含义

1）视图中的粗实线（或虚线），包括直线或曲线可以表示的含义有：

①表面与表面（两平面、两曲面、一平面和一曲面）的交线的投影。

②曲面转向轮廓线在某个方向上的投影。

③具有积聚性的面（平面或柱面）的投影。如图4—13所示为视图中图线的含义。

2）视图中的细点画线可以表示的含义有：

①对称平面积聚的投影。

②回转体轴线的投影。

③圆的对称中心线（确定圆心的位置），如图4—13所示。

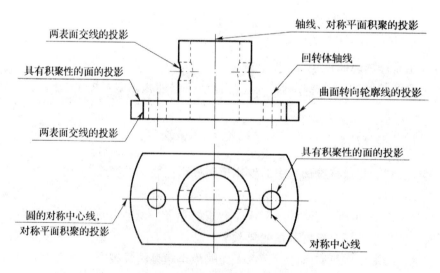

图4—13　视图中图线的含义

（2）将几个视图联系起来读图。

（3）找出形状特征

在一般情况下，通过一个视图不能完全确定物体的形状，三视图中每个视图只反映一个方向的形状，因此要将三视图联系起来读图。在如图 4—14 所示的四组视图中，其形状各异，但是它们的主视图完全相同，其中图 4—14a，b 以及图 4—14c，d 的左视图也相同，此时，用两个视图也无法确定物体的形状，只有联系俯视图，找到其不同之处，才能将四个不同的形体区分开来。在这组视图中，俯视图就成了区分它们形状的特征视图。由此可见，看图时必须把所给的几个视图联系起来看，才能准确地想象出物体的形状。

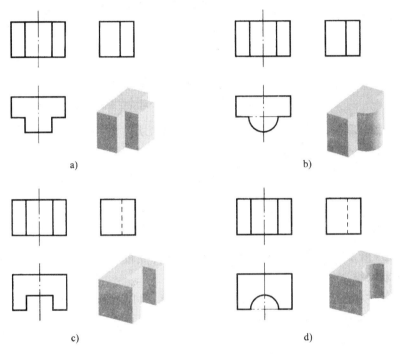

图 4—14　几个视图联系起来想象物体的形状

（4）找出位置特征

在看图时除了要看懂其形状，有时还要分析其相对位置，否则就无法正确想象物体的形状。如图 4—15 所示，主视图反映了物体的主要形状，与俯视图对应反映出物体上有凸起和孔，只有联系左视图才能确定物体的准确形状，左视图 1 和 2 分别表示两种不同的形体。

2. 读图的基本方法

（1）形体分析

读图的基本方法与画图一样，主要是运用形体分析法。根据视图的特点和基本形体的投影特征，把组合体分解成若干个简单形体，分析出简单形体的形状及组合体的组合形式后，再将它们组合起来，构成一个完整的组合体。

1）认识视图，抓住特征　认识视图就是先弄清楚图样上共有几个视图，然后分清图样上其他视图与主视图之间的位置关系。

抓住特征就是先找出最能代表物体结构及形状的特征视图，通过与其他视图的配合，对物体的空间结构及形状有一个大概的了解。

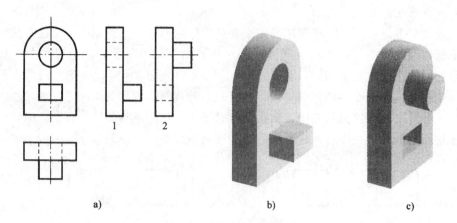

图 4—15　由位置特征看形体

a）三视图　　b）对应左视图 1 的立体　　c）对应左视图 2 的立体

2）分析投影，联想形体　参照物体的特征视图，从图上对物体进行形体分析，按照每一个封闭线框代表一个简单形体的轮廓的投影原理，把图形分成几个部分。再根据三视图"长对正、高平齐、宽相等"的投影规律，划分出每个线框的三个投影，分别想象出它们的形状。一般顺序是先看主要部分，后看次要部分；先看容易确定的部分，后看难以确定的部分；先看整体形状，后看细节形状。

3）读图实例　下面以轴承座为例，说明用形体分析法看图的方法。

如图 4—16a 所示为轴承座的三视图，反应形状特征较多的是主视图，它反映了Ⅰ和Ⅱ两块形体的形状特征。

从形体Ⅰ的主视图入手，根据三视图的投影规律，可找到俯视图和左视图上相对应的投影，即如图 4—16b 所示的封闭粗线框。通过三个视图，可以想象出Ⅰ是个长方体，上部挖了一个半圆槽。

用同样的方法可以找出三角形肋板Ⅱ的其他两个投影，即如图 4—16c 所示的封闭粗线框，从而可以想象它的形状是一个三角块，左、右两边各一块。

然后再来看底板Ⅲ，如图 4—16d 所示的封闭粗线框，俯视图反映了它的形状特征，再配合左视图可以想象出它的形状是带弯边的矩形板，上面钻了两个孔。

4）综合起来想象整体　在看懂了每一块形体形状的基础上，再根据整体的三视图，找它们之间的相对位置关系，逐渐想象出一个整体形状。

通过对轴承座的分析可知，以底板Ⅲ为基础，长方体Ⅰ在底板Ⅲ的上面，并居中靠后，后表面共面，肋板Ⅱ在长方体Ⅰ的左、右两侧并与后面平齐。底板Ⅲ从左视图中可见其后面与Ⅰ，Ⅱ的后面平齐，弯边在前面。这样综合起来想象其整体形状，得到如图 4—16e，f 所示物体的空间形状。

（2）线面分析

在一般情况下，只用形体分析法看图就可以了。但是对于一些比较复杂的物体（如复杂的切割类组合体），只用形体分析法不容易解决，还要应用另一种分析方法——线面分析法来进行分析，帮助想象并读懂一些局部结构，解决一些看图的难点问题。

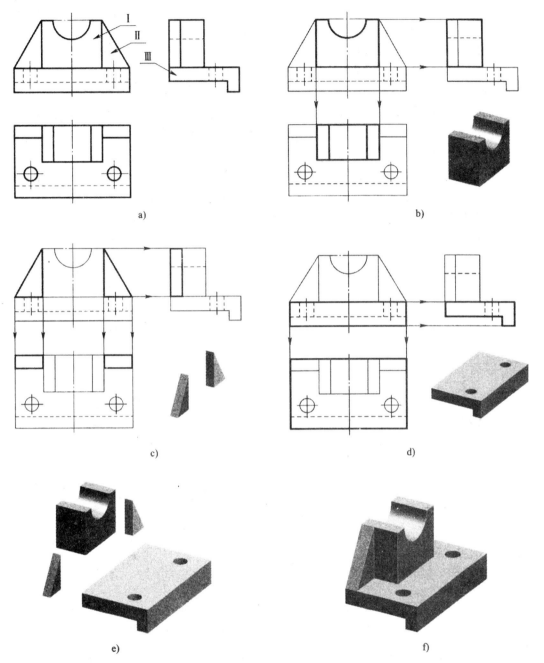

图 4—16 轴承座的看图方法

a) 三视图 b) 形体 I 的投影分析 c) 形体 II 的投影分析
d) 形体 III 的投影分析 e) 轴承座的立体分解 f) 轴承座的立体图

　　线面分析法就是运用线面的投影规律,分析视图中的线条、线框的含义和空间位置,从而看懂视图。如图 4—17 所示为用线面分析法看组合体(压块)的三视图。

　　1)用形体分析法对形体的构成进行分析　从如图 4—17a 所示的压块的三视图中可以看出,其基本形体是一个长方体。从主视图对应俯视图可以看出,长方体的上中部有一个台阶孔；在主视图上看到其左上方切掉了一角；从俯视图可知，长方体的左端前、后分别切掉一角；由左视图可知，长方体前、后分别切去一个条状块。

由于该形体进行了多次投影面垂直面的切割，会产生一些不容易想象的交线和切面形状，无法用形体分析法直接读出。

2）用线面分析法进行补充分析　从图4—17b可知，在俯视图中有梯形线框 p，而在主视图中可以找出与它对应的斜线 p′，由此可见，P 面是垂直于 V 面的梯形平面，长方体的左上角是由 P 面截割而成的。平面 P 与 W 面和 H 面都处于倾斜位置，所以它的侧面投影 p″和水平投影 p 是类似图形，不反映 P 面的真实形状。

从图4—17c可知，在主视图中有个七边形线框 q′，在俯视图中可找出与它对应的斜线 q，由此可见，Q 面是垂直于 H 面的，长方体的左端就是由这样的两个对称的平面截割而成的。平面 Q 对 V 面和 W 面都处于倾斜的位置，因而侧面投影 q″也是个类似的七边形线框。

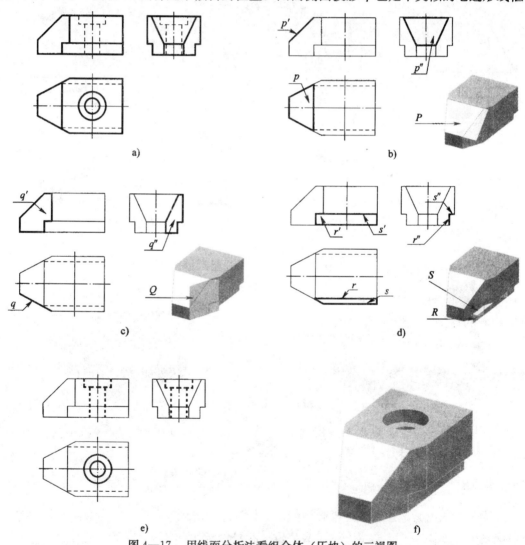

图4—17　用线面分析法看组合体（压块）的三视图

a）组合体（压块）的三视图　b）分析线框 P 的含义　c）分析线框 Q 的含义

d）分析线框 R 和 S 的含义　e）上、中部的台阶孔　f）综合想象整体形状从图 4—17d 可知，从主视图上的长方形线框 r' 入手，可找到 R 面的三个投影；由俯视图的四边形线框 s 入手，可找到 S 面的三个投影；从投影图中可知，R 面为正平面，S 面为水平面。长方体的前、后两边是由这两个平面截割而成的。

3) 综合起来想象整体　通过以上分析，逐步弄清了各部分的形状和其他一些细节，最后综合起来，就可以想象出压块的整体形状，如图 4—17e，f 所示。

3. 训练看图的辅助方法

补图、补线是训练看图的一种辅助方法。工程技术人员的综合审图能力是通过看图实践逐渐积累的。补图、补线是根据给出的两个视图、缺线的三视图，通过分析（形体分析或线面分析），做出判断，并经过试补、调整、验证、想象，最后补出所缺的视图或视图中的缺线。

补图、补线时，应注意分析已知条件，分线框、对投影，根据投影规律看懂具有缺图或缺线的视图，想清物体的形状，然后边补边想，也可以通过画立体图帮助想象。

（1）补视图

补视图的主要方法是形体分析法。在由两个已知视图补画第三个视图时，可根据每一封闭线框的对应投影，按照基本几何体的投影特征，想象出已知线框的空间形体，从而补画出第三投影。对于一时搞不清楚的问题，可以运用线面分析法，补出其中的线条或线框，从而达到正确补画第三视图的要求。补画的一般顺序是先画外形，再画内腔；先画叠加部分，再画挖切部分。

例 4—2　补画如图 4—18 所示支座的左视图。

形体分析：

如图 4—18a 所示支座的主视图可分为 1，2，3，4 四个封闭线框，找出俯视图上与主视图四个封闭线框对应的投影，经过分析后可画出支座的左视图。

画图步骤：

（1）线框 1 是支座的底板。在主、俯视图中都是长方形线框，其形状为长方体，故左视图为长方形，如图 4—18b 所示。

（2）线框 2 是支座的立柱。在主、俯视图中都是封闭长方形线框，其形状也是长方体，并竖在底板上后部位置。所以在左视图中，立柱应在底板之上并且后表面与底板的后表面共面，如图 4—18c 所示。

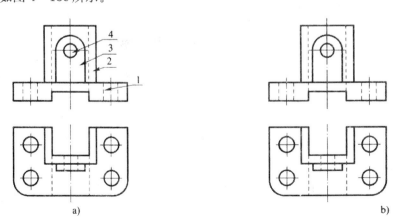

a)　　　　　　　　　　　　　　　　　　b)

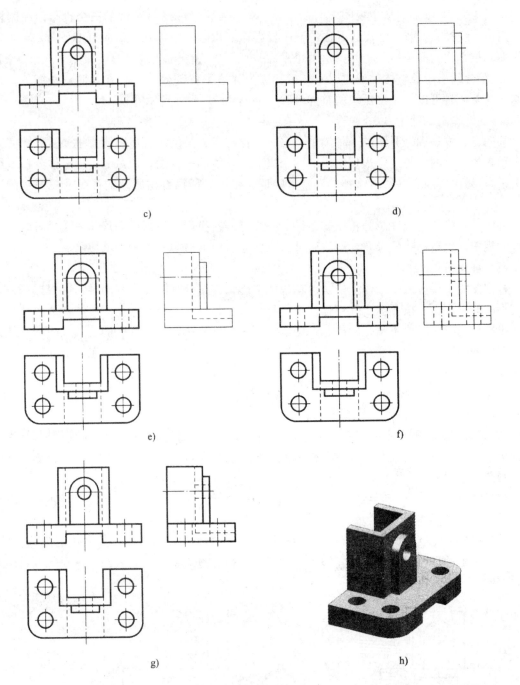

图 4—18　补画支座的左视图

a）支座的两个视图　b）画底板 1 的外形　c）画立柱 2 的外形

d）画半圆头棱柱 3 的外形　e）画槽　f）画孔

g）加深并完成图形　h）支座的立体图

（3）线框 3 是半圆头棱柱。它在俯视图上是长方形线框，在主视图上，是上圆下方的线框并竖在底板之上、立柱之前。其形状是半圆柱与长方体构成的组合体。所以它的左视图仍然是长方形，并画在底板之上，且与立柱相贴，如图 4—18d 所示。

（4）从支座的主、俯视图中还可知，底板1的底面从前到后开一条通槽；底板1和立柱2的后端面有一长方形缺口，一直通到组合体底部，其缺口长度与底板通槽长度相同。所以在左视图上应用虚线表示出来，如图4—18e所示。

（5）从支座的主、俯视图中还可知，底板1上有四个圆孔，立柱2和半圆头棱柱3被一圆孔（线框4）穿通，所以在左视图上也应用虚线表示出来，如图4—18f所示。

（6）校对左视图，描深轮廓线，完成全图，如图4—18g所示。

例4—3 如图4—19所示为镶块的主、左视图，试补画其俯视图。

形体分析：

由镶块的主视图和左视图可知，镶块的外形是由长方体切割而成的梯形立体，由左视图对应主视图可以看出，镶块的下部开有矩形和梯形结合的通槽。该形体为切割形体，因此，在画图时局部结构要用线面分析法来完成。补画镶块俯视图的画图步骤见表4—3。

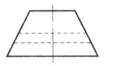

图4—19 镶块的主、左视图

表4—3　　　　　　　　　　　补画镶块俯视图的画图步骤

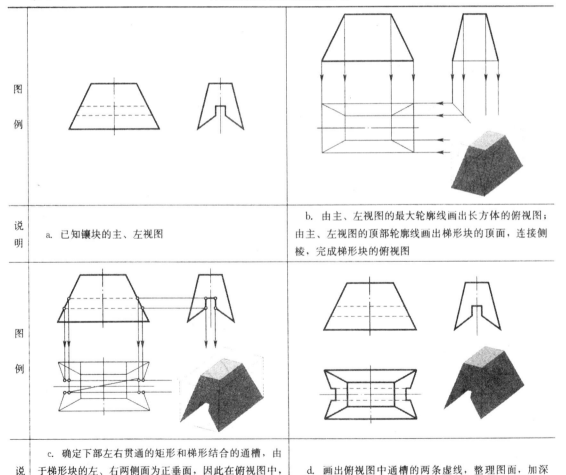

图例	a. 已知镶块的主、左视图	b. 由主、左视图的最大轮廓线画出长方体的俯视图；由主、左视图的顶部轮廓线画出梯形块的顶面，连接侧棱，完成梯形块的俯视图

说明栏：
a. 已知镶块的主、左视图

b. 由主、左视图的最大轮廓线画出长方体的俯视图；由主、左视图的顶部轮廓线画出梯形块的顶面，连接侧棱，完成梯形块的俯视图

c. 确定下部左右贯通的矩形和梯形结合的通槽，由于梯形块的左、右两侧面为正垂面，因此在俯视图中，其左、右两侧应各有一个与左视图类似的图形，用找点的方法完成图形

d. 画出俯视图中通槽的两条虚线，整理图面，加深轮廓线，完成俯视图

（2）补缺线

补缺线主要是利用形体分析法和线面分析法，分析已知视图并补全图中遗漏的图线，使视图表达完整、正确。

例 4—4　如图 4—20 所示为支座的三视图，试补画主、左视图中的缺线。

形体分析：

支座可看成是由一圆柱底板Ⅰ与一圆筒Ⅱ叠加组合后，又经切割而成的组合体，如图 4—20a 所示。

画图步骤：

（1）从俯视图中可知，圆柱底板Ⅰ的前、后各有一方槽，且中间有一圆孔，所以必须补画出在主视图与左视图中应有的图线，如图 4—20b 所示。

（2）从俯、左视图中可知，圆筒Ⅱ的前、后分别铣出一个正平面，故必须补全主视图中应有的图线；又由于圆筒Ⅱ有一通孔，所以也必须补画出左视图中圆筒内孔的虚线，如图 4—20c 所示。

（3）补齐所缺图线，完成三视图，如图 4—20d 所示。

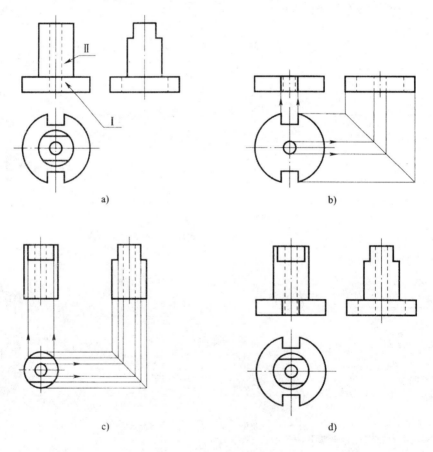

a)　　　　　　　　　　b)

c)　　　　　　　　　　d)

图 4—20　补画支座主、左视图中的缺线

a）支座的三视图　b）对底板补缺线

c）对圆筒补缺线　d）检查视图，完成全图

六、组合体视图总结

本模块着重叙述了用形体分析法和线面分析法来说明组合体的画图方法、看图方法和尺寸标注方法，为后续模块中识读和绘制零件图、装配图做了准备。

1. 用形体分析法画组合体视图就是将比较复杂的组合体分解为若干个基本几何体，按其相互位置画出每个基本形体的视图，将这些视图组合起来，即可得到整个组合体的视图。

2. 用形体分析法看组合体视图就是通过形体分析把组合体视图分解为若干个基本几何体的视图，并分别想象出它们的形状，从而想象出组合体的整体形状。

3. 用形体分析法标注组合体的尺寸，就是将组合体分成若干个基本几何体后，逐个标出其定形尺寸及定位尺寸，然后标出组合体的总的尺寸。通常容易遗漏的是定位尺寸，因此在标注和检查尺寸时应注意。

4. 组合体的画图和看图方法主要是运用形体分析的方法。由于组合体的基本形体经常是不完整的，有表面交线出现。因此，除用形体分析法外，还要从表面交线入手，运用线面分析法进行分析，并应注意：画图时求交线，看图时分析交线，标注尺寸时不注交线。

自我评价

1. 思考题
(1) 组合体有哪几种基本组合方式？
(2) 何谓形体分析法？
(3) 组合体的尺寸包括哪几种？
2. 根据如图 4—21 所示的立体图画组合体三视图（尺寸从图上量取）
(1)   (2)

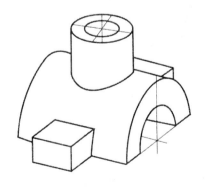 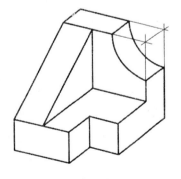

图 4—21 根据立体图画组合体三视图

3. 尺寸标注

(1) 根据图 4—22 中选定的尺寸基准标注组合体尺寸，尺寸数值从图上量取。

(2) 纠正图 4—23a 中尺寸标注错误，在图 4—23b 中正确标注组合体的尺寸。

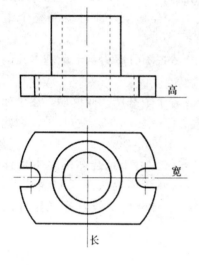

图 4—22　标注尺寸

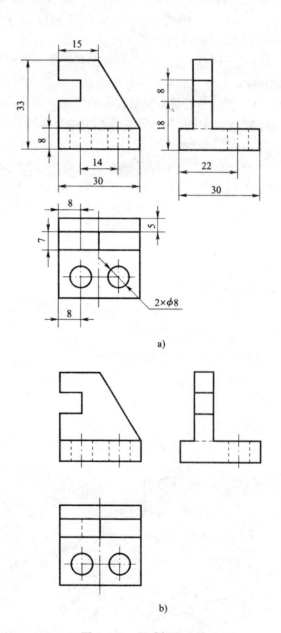

a)

b)

图 4—23　尺寸标注改错

4. 如图 4—24 所示补画视图

(1)

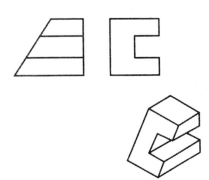

(2)

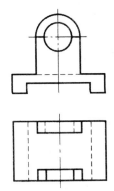

(3)

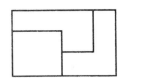

图 4—24 补视图

5. 如图 4—25 所示补全视图中的缺线

(1)

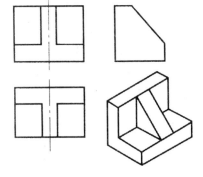

(2)

(3)   (4)

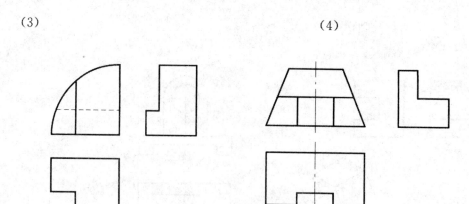

图 4—25 补缺线

第五章 机械图样的常用表达方法

教学目标

1. 学习各种视图、剖视图、断面图和其他一些常用图样的画法及其应用场合。
2. 了解视图的选择与配置的基本方法，培养读图、绘图能力。

实例导入

如图 5—1 所示为一支架立体图，如何采用最少的视图将此机件表达清楚是本模块要讲述的问题。

问题探究

如何完整、清晰、简便地表达机件的内部形状和外部形状？表达机件的方法有哪几种？

能力构建

当机件的形状和结构都比较复杂的时候，如果仍用两个视图或三视图就难以把它们的内、外形状都准确、完整、清晰地表达出来。为此，国家标准《机械制图》中关于"图样画法"规定了各种画法，包括视图、剖视图、断面图、局部放大图、简化画法和其他规定画法等。本模块主要介绍一些常用的表达方法。

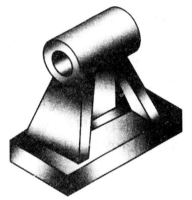

图 5—1　支架立体图

一、视图

用正投影法绘制出的机件图形称为视图。视图主要用来表达机件的外部结构和形状，一般只画出机件的可见部分，必要时才用虚线表达其不可见的部分。

视图分为基本视图、向视图、局部视图、斜视图。

1. 基本视图

当机件的外部结构与形状在各个方向都不相同时，三视图往往不能清晰地把它表达出来。因此，必须加上更多的投影面，以得到更多的视图。为了更清晰地表达机件的六个方向的形状，可将机件放置在一个正六面体当中。将机件向这个正六面体的六个面投影，所得到的每一个视图都称为基本视图，如图 5—2 所示。得到六个投影图后，将六个投影面展开。

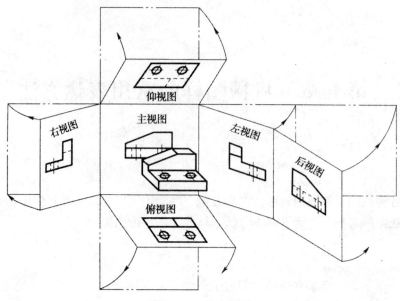

图 5—2　基本视图

按照图 5—3 所示将六个基本视图布置在一张图纸上，一律不用标注视图的名称。六个基本视图之间仍然保持与三视图相同的投影规律，即：

主、俯、仰（后）：长对正；

主、左、右、后：高平齐；

俯、左、仰、右：宽相等。

虽然机件可以用六个基本视图来表达，但在实际应用中应根据机件的复杂程度，具体考虑需要用几个视图，只要把机件表达清楚即可。

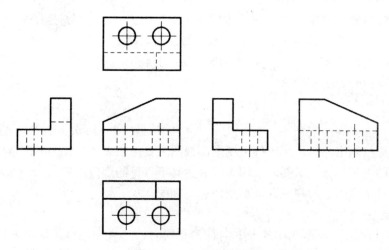

图 5—3　六个基本视图

2. 向视图

在实际绘图过程中，为了合理地布置视图，各基本视图可以不按图 5—3 所示的方式配置，而自由地配置各基本视图，这种自由配置的视图称为向视图，如图 5—4 所示。

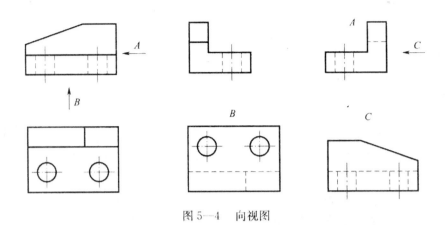

图 5—4　向视图

为了便于读图，应在向视图的上方用大写的拉丁字母标注视图名称，在相应的视图附近用箭头指明投射方向，并标注相同的大写拉丁字母。并且表示投射方向的箭头应尽可能配置在主视图上，只是表示后视图的投射方向的箭头才配置在其他视图上，如图 5—4 所示。

向视图是基本视图的一种表达方式，其主要差别在于视图的配置。

3．局部视图

将机件的某一部分向基本投影面投射所得到的视图称为局部视图。局部视图适用于当机件的主体形状已由一组基本视图表达清楚，而仅有部分结构尚需表达，又没有必要再画出完整的基本视图时，可以采用局部视图，如图 5—5 所示。

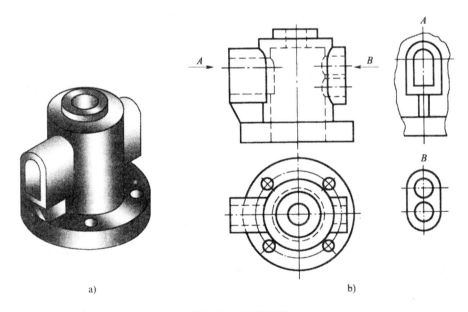

图 5—5　局部视图

如图 5—5 所示，用主、俯两个基本视图已清楚地表达了该机件的主体形状，但为了表达左、右两个凸缘的形状，如果再增加左视图和右视图，只会增加画图量，做许多重复性的工作。此时可以采用两个局部视图，画出所需表达的左、右两个凸缘的形状，这样就可以使表达方案既简练又突出重点。

局部视图可按基本视图配置，也可按向视图配置在其他位置。当局部视图按基本视图配置时，中间又没有其他图形隔开，可省略标注。

局部视图的断裂边界用波浪线或双折线表示，如图5—5中的 A 向局部视图所示。但当所表示的局部结构完整，且其投影的外轮廓线又自行封闭时，波浪线可省略不画，如图5—5中的 B 向局部视图所示。

4. 斜视图

当机件上有倾斜于基本投影面的结构时，为了表达倾斜部分的真实形状，可以设置一个与倾斜部分平行的辅助投影面，再将倾斜部分的结构向该投影面投影。这种将机件向不平行于基本投影面的平面投影所得的视图称为斜视图，如图5—6所示。

斜视图的配置、标注及画法：

（1）斜视图通常按向视图的配置形式配置并标注，即在斜视图的上方用大写拉丁字母标出视图的名称，在相应的视图附近用带有相应字母的箭头指明投射方向，如图5—6所示。

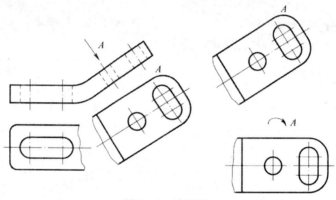

图5—6　斜视图

（2）必要时允许将斜视图旋转配置，并加注旋转符号，如图5—6所示。旋转符号为半圆形，其半径等于字体高度。表示该视图名称的大写拉丁字母应靠近旋转符号的箭头端，也允许在字母之后注出旋转角度。

二、剖视图

当机件的内部结构比较复杂时，在视图中就会出现许多虚线。当这些虚线与其他图线重叠，影响到图形的清晰和尺寸标注时，常常采用剖视图的画法表达机件。剖视图主要用于表达机件的内部结构与形状。

1. 剖视图的概念

（1）概念

假想用剖切平面剖开机件，将处于观察者和剖切平面之间的部分移去，而将其余部分向投影面投射所得的图形称为剖视图，简称剖视。剖视图的形成如图5—7a所示。

（2）剖视图的画法

1）确定剖切面和剖切位置　根据机件的结构特点，剖切面一般为平面，也可以是曲面；为了清楚地表达机件内部结构的真实形状，避免剖切后产生不完整的结构要素，剖切面的位置应通过内部结构的对称面或轴线，如图5—7所示。

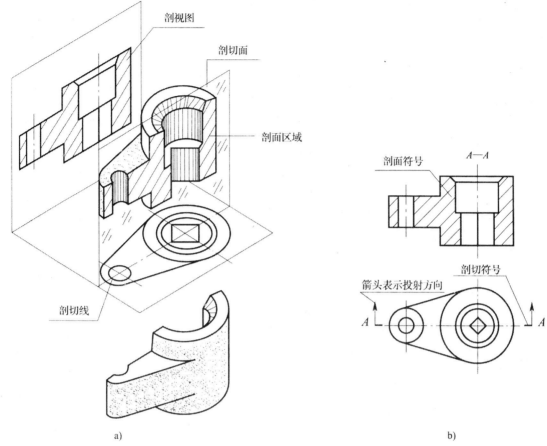

剖视图

剖切面

剖面区域

剖切线

a)

剖面符号

A—A

剖切符号

箭头表示投射方向

A

A

b)

图 5—7 剖视图的形成和画法

2）画剖视图 机件被假想剖开后，用粗实线画出剖切面与机件接触部分的图形（即假想的断面形状）和剖切面后面的可见轮廓线。为了使剖视图清晰地反映机件上需要表达的结构，必须省略不必要的虚线，如图 5—7b 所示。

3）画剖面符号 在剖面区域中画剖面符号。国家标准规定在剖视图和断面图中，应采用规定的剖面符号。对金属材料制成的机件，其剖面符号用与水平成 45°的彼此平行、间隔均匀的细实线，向左或向右倾斜均可，通常称为剖面线。在同一金属零件的各剖视图、断面图中，其剖面线应画成间隔相等、方向相同而且与主要轮廓线或剖面区域的对称中心线成45°角的平行细实线，通用剖面线的画法如图 5—8 所示。国家标准规定了各种材料的剖面符号，见表5—1。

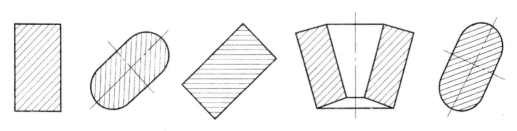

图 5—8 通用剖面线的画法

表 5—1　　　　　　　　　　　　　　　　　各种材料的剖面符号

金属材料 （已有规定剖面符号者除外）	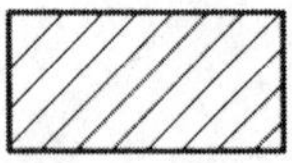	木质胶合板 （不分层数）	
线圈绕组元件	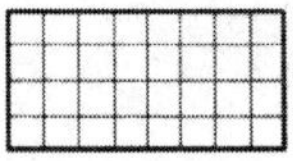	基础周围的泥土	
转子、电枢、变压器和电抗器等的迭钢片	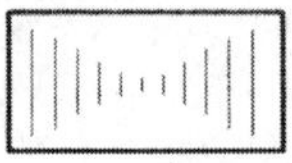	混凝土	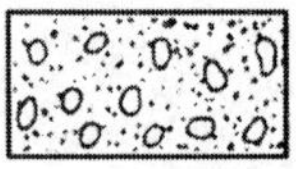
非金属材料（已有规定剖面符号者除外）	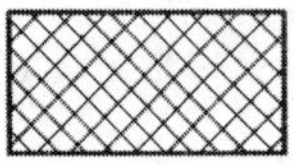	钢筋混凝土	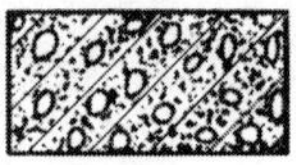
型砂、填砂、粉末冶金、砂轮、陶瓷刀片、硬质合金刀片等	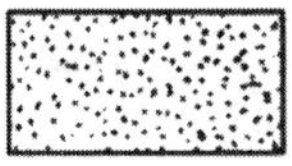	砖	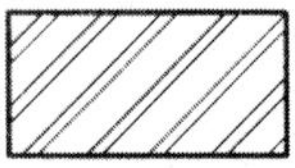
玻璃及供观察用的其他透明材料	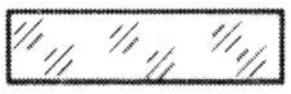	格网 （筛网、过滤网等）	
木材　纵剖面	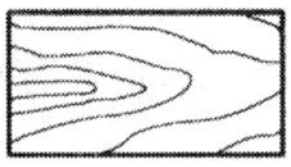	液体	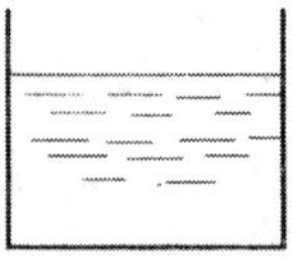
横剖面			

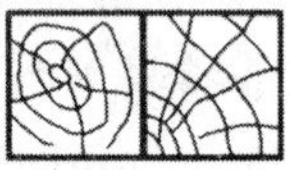

　　剖视图一般按照投影关系配置，如图 5—7b 所示，但有时也可以根据图面布局将剖视图配置在其他适当位置，如图 5—9 中的 B—B 剖视图所示。

　　剖视图的标注如图 5—9 所示，一般应在剖视图的上方用大写的拉丁字母标出剖视图的名称，如图 5—9 中的 A—A 或 B—B 剖视图；在相应的视图上用剖切符号（粗实线）标出剖切位置（尽可能不与图形的轮廓线相交）；在画剖切位置处用箭头画出投射方向，并标注相同的大写字母，如图 5—9 中所示的 B—B 剖视图。

　　当剖视图按投影关系配置，中间又没有其他图形隔开时，可省略箭头，如图 5—9 所示的 A—A 剖视图；当单一剖切平面通过机件的对称面或基本对称的平面，且剖视图按投影关系配置，中间又没有其他图形隔开时，可省略标注，如图 5—7b 所示。

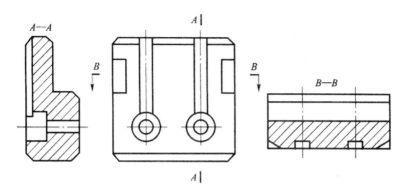

图 5—9   剖视图的标注

（3）画剖视图时应注意的问题

1）剖切位置要适当。一般剖切平面应平行或垂直于基本投影面，并且要通过内部结构的对称平面或孔的轴线，如图 5—7b 所示。

2）剖视图是假想切开机件画出的，所以与其相关的视图要保持完整，如图 5—7b 所示。

3）剖视图中的剖面线要尽量与主要轮廓成 45°角绘制。

4）画剖视图时，剖切面后方的机件的可见轮廓线应全部画出，不得遗漏，如图 5—10 所示为画剖视图时易漏的图线；而剖切面前面已剖去的部分的可见轮廓线则不应画出。

5）剖视图中一般不画不可见轮廓，但没有表达清楚的结构允许画少量的虚线。

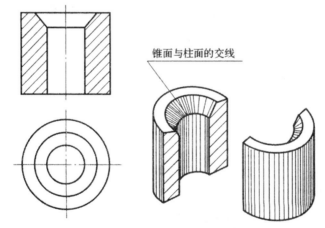

图 5—10   画剖视图时易漏的图线

2. 剖视图的种类

按照剖开机件范围的大小，可将剖视图分为全剖视图、半剖视图和局部剖视图三种。

（1）全剖视图

用剖切平面完全地将机件剖开所得的剖视图称为全剖视图，如图 5—11 所示。

全剖视图适用于外形简单而内部结构复杂的不对称机件或外形较简单的对称机件。对于内、外形状都较复杂的不对称机件，必要时可分别画出全剖视图和视图表达其内、外形状。

全剖视图除符合上述省略箭头或省略标注的条件外，均应按剖视图规定标注。如图 5—11所示，主视图是通过前、后对称面的全剖视图，所以可以省略标注。

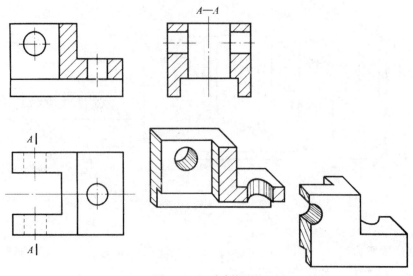

图5—11　全剖视图

（2）半剖视图

当机件具有对称平面时，向垂直于对称平面的投影面投影所得到的图形，允许以中心线为界，一半画成剖视图，另一半画成视图，这样获得的剖视图称为半剖视图。半剖视图主要用于内、外形状都需要表达且结构对称的机件，如图5—12所示。

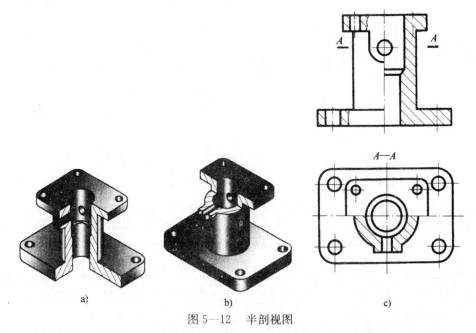

图5—12　半剖视图

当机件形状接近于对称，且不对称部分已用其他的图形表达清楚时，也可以将其画成半剖视图。

画半剖视图时的注意事项：

1）在半剖视图中，因机件的内部形状已由半个剖视图表达清楚，所以在不剖的半个外形视图中，表达内部形状的虚线应省去不画，如图5—12c所示。

2）画半剖视图不影响其他视图的完整性。如图5—12c所示，主视图采用半剖视图，俯视图仍然是完整的图形，而不应该把假想剖去的那部分去掉。

3）半剖视图中间应以点画线作为视图和剖视图的分界线，不应画成粗实线或其他线条。

4）半剖视图的标注方法与全剖视图的标注方法完全相同。

（3）局部剖视图

用剖切平面局部地剖开机件所得的剖视图称为局部剖视图，如图5—13所示。

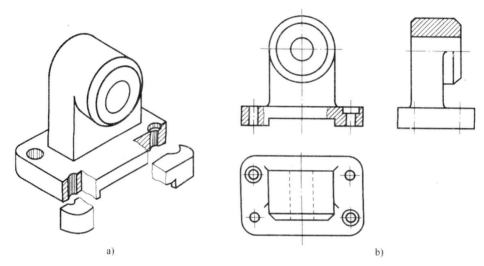

a)   b)

图5—13　局部剖视图

1）适用范围　为了将机件的内部和外部形状都表达清楚，有时在剖视图中既不宜用全剖视图表达，也不能用半剖视图来表达，则可以采用局部剖视图来表达。局部剖视图是一种比较灵活的表达方式，它不受机件是否对称的限制，剖切位置和剖切范围可根据需要来确定，具有同时表达内、外结构的优点。

2）画局部剖视图时的注意事项

①局部剖视图可以用波浪线作为分界线，波浪线应画在机件的实体上，不能超出实体的轮廓线，也不能画在机件的中空处。

②当被剖切的结构为回转体时，允许将该结构的中心线作为局部剖视图与视图的分界线，如图5—13b的左视图所示。

③在一个视图中，局部剖视图不要太多。在不影响外形表达的情况下，可采用大面积的局部剖视图来表达，以尽量减少局部剖视图的数量。

④波浪线不应画在轮廓线的延长线上，也不能用轮廓线代替，或与图样上其他图线重合。如图5—14所示为画局部剖视图时常见的错误。

3. 常用剖切面的形式

剖视图是假想将机件剖开而得到的视图。前面讲到的全剖视图、半剖视图和局部剖视图都是用平行于基本投影面的单一剖切平面剖切机件而得到的。由于机件内部结构及形状的多样性和复杂性，常选用不同数量和位置的剖切面来剖开机件，才能把机件的内部形状表达清楚。国家标准《机械制图》规定，根据机件的结构特点不同，可选择以下剖切面，即单一剖切面、几个平行的剖切平面、几个相交的剖切平面。

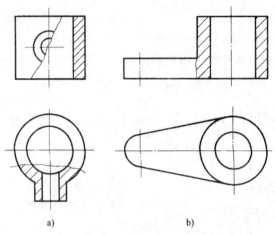

a)   b)

图 5—14　画局部剖视图时常见的错误

（1）单一剖切面

单一剖切面可以是平行于基本投影面的剖切平面，如前所述的全剖视图、半剖视图和局部剖视图都是用这种剖切面剖开机件而得到的剖视图。单一剖切面也可以是不平行于基本投影面的斜剖切平面，用这种剖切平面剖开机件得到的剖视图如图 5—15 所示。这种剖视图一般应与倾斜部分保持投影关系，但也可配置在其他位置。为了画图和读图方便，可把斜剖视图旋转摆正，但必须按规定标注。

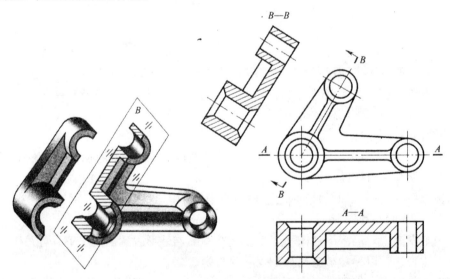

图 5—15　用单一剖切面剖切得到的剖视图

（2）几个平行的剖切平面

当机件上具有几种不同的结构要素（如孔、槽等），它们的中心线排列在几个相互平行的平面上时，宜采用几个平行的剖切平面剖切，所得到的剖视图如图 5—16 所示。这种剖切平面可以用来剖切并表达位于几个平行平面上的机件的内部结构。

画这种剖视图时应注意以下几个问题：

1）用剖切平面剖开机件是假想的，所以不应该画出剖切平面转折处的投影，正确的画法如图5—16b所示。

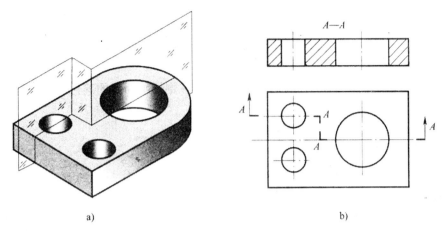

a) b)

图 5—16   用几个平行的剖切平面剖切时得到的剖视图

2）剖视图中不应该出现不完整的结构，但当两个要素在图形上具有公共对称中心线或轴线时，可将其各画出一半，此时应以对称中心线或轴线为界，这一剖视图特例如图 5—17 所示。

3）必须在相应视图上用剖切符号表示剖切位置，在剖切平面的起止处和转折处注写相同的字母，如图 5—17 所示。

（3）几个相交的剖切平面

用交线垂直于某一个投影面的两相交的剖切平面剖开机件，以表达具有回转轴机件的内部形状，此时，两剖切平面的交线应与回转轴重合，这种剖切方法用来表达机件具有明显回转轴线且分布在两相交平面上的内形，如图 5—18 所示。

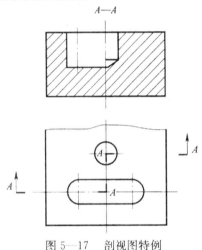

图 5—17   剖视图特例

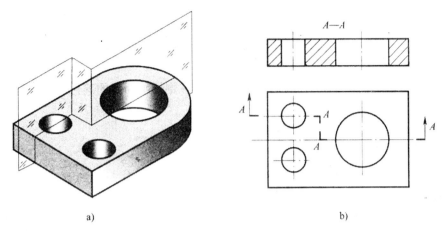

a) b)

图 5—18   用相交的剖切平面剖切（一）

先假想用图中的剖切符号所表示的、交线垂直于某一基本投影面的两剖切平面剖开机件，将处于观察者与剖切平面之间的部分移去，并将被倾斜的剖切平面剖开的结构及有关的部分旋转到与选定的基本投影面平行，然后再向该投影面投影，便得到如图 5—18 中的 A—A 全剖视图。

用几个相交的剖切平面剖开机件画剖视图时，在剖切平面后的其他结构一般仍按原来位置投影，如图 5—19b 所示。

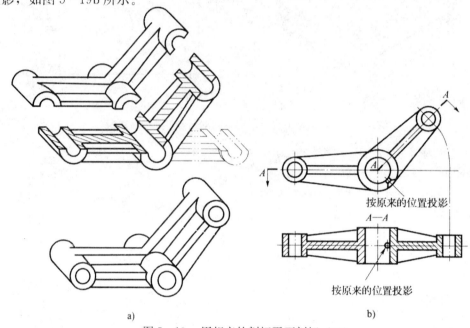

a)   b)

图 5—19 用相交的剖切平面剖切（二）

用几个相交的剖切平面剖开机件画剖视图时，必须加以标注，如图 5—20b 所示。

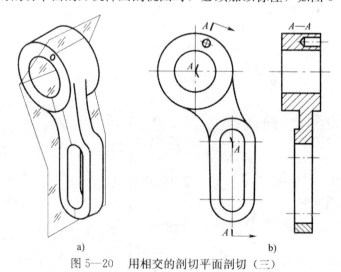

a)   b)

图 5—20 用相交的剖切平面剖切（三）

三、断面图

1. 断面图的概念

假想用剖切平面将机件的某处切断，只画出剖切平面与机件接触部分的图形，这个图形称为断面图，简称为断面，如图5—21所示。断面图用来表达机件某一局部的断面形状。

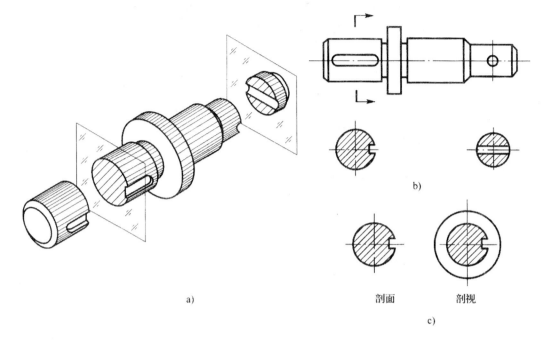

图5—21　断面图

如图5—21b所示，为了表达轴左端的键槽和轴右端的孔，采用了两处断面图。

断面图与剖视图的区别：断面图只画出机件的断面形状，而剖视图除了要画出断面的形状外，还要画出机件上断面以后的可见部分的投影，如图5—21c所示。

2. 断面图的分类

按断面图配置的位置不同，断面图分为移出断面图和重合断面图两种。

（1）移出断面图及其标注

1）移出断面图的画法　画在视图轮廓之外的断面图称为移出断面图，如图5—21b所示。移出断面图的轮廓线用粗实线绘制，移出断面图应尽量配置在剖切符号或剖切平面的延长线上，根据需要也可配置在其他适当的位置上。当剖切平面通过由回转面形成的圆孔、圆锥坑等结构的轴线时，这些结构应按剖视图画出，如图5—21b右端的圆孔的断面图。当剖切平面通过非回转面，但会导致断面图完全分离时，这样的结构也应按剖视图画出，其画法如图5—22所示。

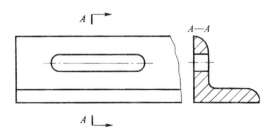

图5—22　移出断面图的画法

2）移出断面图的标注

①画在其他位置的远处的移出断面图如图 5—23 所示。当移出断面图不画在剖切位置的延长线上时，如果该移出断面图为对称图形，因为投影方向不影响断面形状，所以可以省略箭头，如图 5—23a 所示。如果该移出断面图为不对称图形，必须标注剖切符号与带字母的箭头，以表示剖切位置与投影方向，并在断面图上方标注出相应的名称"×—×"，如图 5—23b 所示。

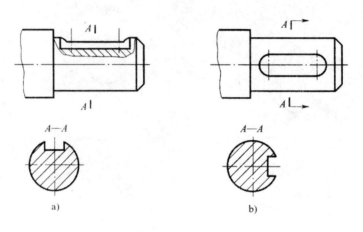

图 5—23　画在其他位置的远处的移出断面图

②当移出断面图按照投影关系配置时，不管该移出断面图为对称图形或不对称图形，因为投影方向明显，所以可以省略箭头。如图 5—24 所示为按投影关系配置的移出断面图。

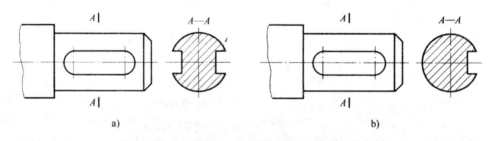

图 5—24　按投影关系配置的移出断面图

③在剖切位置的延长线上的移出断面图如图 5—25 所示。当移出断面图画在剖切位置的延长线上时，如果该移出断面图为对称图形，只需用细点画线标明剖切位置，可以不标注剖切符号、箭头和字母，如图 5—25a 所示；如果该移出断面图为不对称图形，则必须标注剖切位置和箭头，但可以省略字母，如图 5—25b 所示。

（2）重合断面图及其标注

1）重合断面图的画法　画在视图轮廓之内的断面图称为重合断面图，如图 5—26 所示。

为了使图形清晰，避免与视图中的线条混淆，重合断面图的轮廓线用细实线画出。当重合断面图的轮廓线与视图的轮廓线重合时，仍按视图的轮廓线画出，不应中断，其画法如图 5—27 所示。

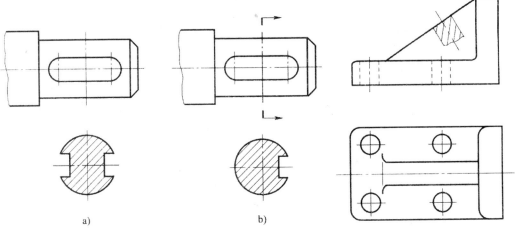

| 图 5—25 | 在剖切位置的延长线上的移出断面图 | 图 5—26 | 重合断面图 |

2）重合断面图的标注 当重合断面图为对称图形时，一般不必标注，如图 5—27a 所示。当重合断面图为不对称图形时，需标注其剖切位置和投影方向，如图 5—27b 所示。

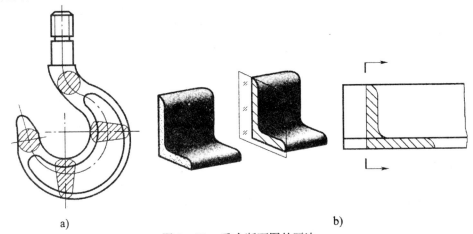

图 5—27 重合断面图的画法

四、其他表达方法

1. 局部放大图

如果机件上某些细小的结构在视图中表达得还不够清楚，或不便于标注尺寸时，可将这些部分用大于原图形所采用的比例画出，这种图形称为局部放大图，如图 5—28 所示。

局部放大图必须标注，其标注方法是：在视图上画一细实线圆，标明放大部位，在放大图的上方注明所用的比例，即图形大小与实物大小之比（与原图上的比例无关），如果同时采用多个局部放大图，还要用罗马数字编号以示区别，如图 5—28 所示。

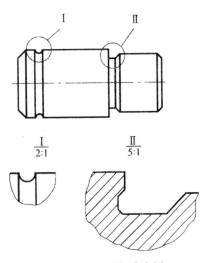

图 5—28 局部放大图

局部放大图可画成视图、剖视图、断面图，它与被放大部位的表达方法无关。

局部放大图应尽量配置在被放大的部位的附近，如图5—28所示。

2. 简化画法

相同结构的简化画法如图5—29所示。

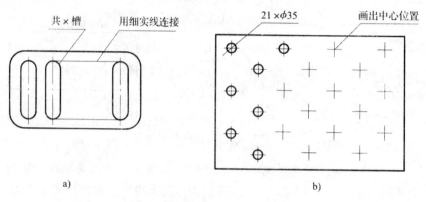

图5—29　相同结构的简化画法

（1）当机件具有若干个相同结构，且其结构按一定规律分布时，只需要画出几个完整的结构，其余部分用细实线画出其范围，但在零件图中必须注明该结构的总数量，如图5—29a所示。

（2）在同一平面内，有若干个直径相同且按一定规律分布的孔，可以只画一个或几个，其余部分只需画出中心线表示其中心位置，且在零件图的标注中必须注明孔的数量，如图5—29b所示。

（3）对称机机件的简化画法如图5—30所示。为了节省绘图时间和图纸的幅面，对称的结构或零件的视图可以只画一半或四分之一，并在对称中心线的两端画出两条与其垂直的平行细实线，如图5—30a所示；也可以画一多半，并用波浪线断开，如图5—30b所示。

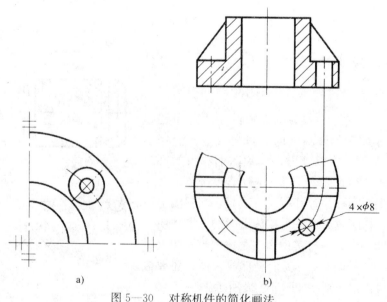

图5—30　对称机件的简化画法

（4）当机件回转面上均匀分布的肋板、轮辐不对称时，要按对称画出。当孔的结构不处于剖切平面上时，可以假想将这些结构旋转到剖切平面上画出，如图5—31所示为回转体上肋板和孔的画法。

（5）网状物、编织物或机件上的滚花部分可在轮廓线附近用粗实线示意画出，并标明其具体要求，如图5—32a所示。

（6）当回转体零件上的平面在图形中不能充分表达时，可以用平面符号，即用两条相交的细实线来表示这些平面，其示意画法如图5—32b所示。

（7）较长机件沿长度方向的形状一致或按一定规律变化时，允许断开后缩短绘制，断裂处以波浪线画出，但是标注尺寸时要按实际长度标注，其简化画法如图5—33所示。

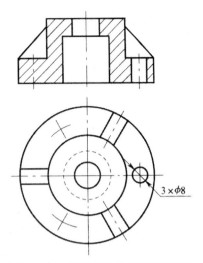

图5—31 回转体上肋板和孔的画法

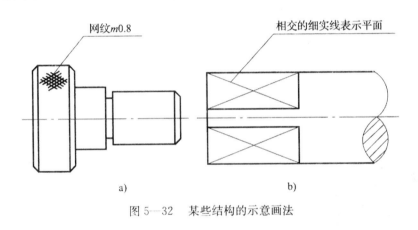

a)   b)

图5—32 某些结构的示意画法

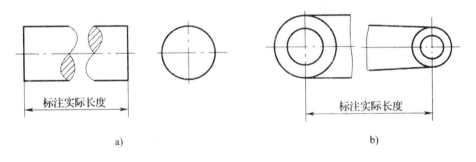

a)   b)

图5—33 较长机件的简化画法

（8）图形中的相贯线、过渡线在不影响真实形状的情况下允许简化，可用直线代替相贯线，其简化画法如图5—34所示。

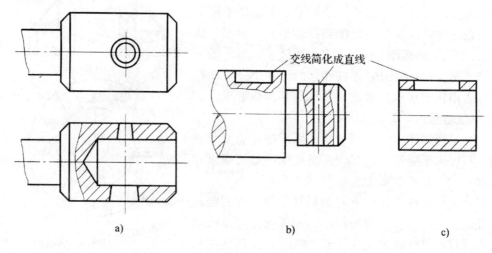

图 5—34 相贯线的简化画法

自我评价

1. 如图 5—35 所示，已知轴承座的俯视图和左视图，试根据立体图将其主视图补画成全剖视图。

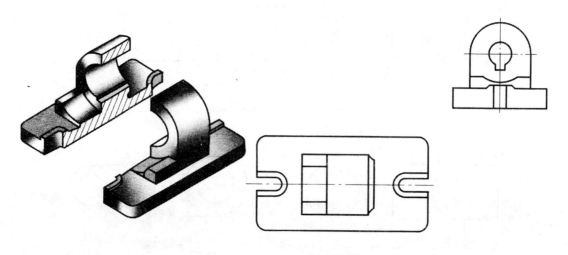

图 5—35 画轴承座的全剖视图

2. 将如图 5—36 所示的底座的主视图改画成全剖视图。

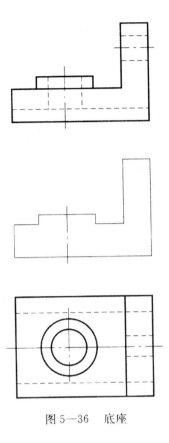

图 5—36　底座

第六章 标准件与常用件

教学目标

通过学习标准件与常用件的基本知识，掌握标准件与常用件的代号、规定画法及标注方法。

实例导入

在机器或部件中，经常会看到有螺纹结构的件及轴承、齿轮、弹簧（见图6—1）等零件，这些件应用范围广，形状及结构比较复杂，为了简化作图，国家标准制定了一系列规定画法，本模块将学习它们的规定画法。

a)   b)

图6—1 滚动轴承和弹簧

问题探究

1. 标准件与常用件有什么区别？
2. 螺纹参数有哪些？
3. 齿轮参数有哪些？
4. 标准件与常用件的规定画法如何？
5. 如何识别不同的螺纹、键、销及轴承？

能力构建

标准件是指结构、尺寸和加工要求、画法等均标准化、系列化的零件，如螺栓、螺母、垫圈、键、销、滚动轴承等。

常用件是部分结构、尺寸和参数标准化、系列化的零件，如齿轮、带轮、弹簧等。

本章主要介绍标准件及常用件的有关基本知识、规定画法、代号及标注方法，以及几个件连接后的装配画法。

一、螺纹及螺纹连接

螺纹是指在圆柱或圆锥表面上，沿着螺旋线所形成的具有相同断面的连续凸起和沟槽。加工在零件（圆柱、圆锥）外表面上的螺纹称为外螺纹；加工在零件内表面上的螺纹称为内螺纹。内、外螺纹旋合在一起用来连接定位零件或传递动力。

1. 螺纹的形成及种类

（1）螺纹的加工

各种螺纹都是根据螺旋线的原理加工而成的。如图6—2所示为螺纹的加工方法，工件做等速旋转，车刀沿轴线方向等速移动，刀尖在工件表面形成螺旋线。车刀切削刃形状不同，在工件表面切去部分的截面形状也不同，因而可得到各种不同的螺纹。在加工直径较小的内螺纹时，可先钻孔，然后再用丝锥攻出内螺纹。

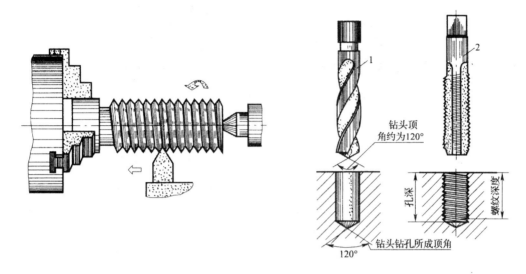

图 6—2　螺纹的加工方法
1—钻头　2—丝锥

（2）螺纹的分类

螺纹按用途可分为紧固螺纹、管螺纹、传动螺纹和专门用途螺纹；按形成螺纹的表面可分为圆柱螺纹和圆锥螺纹；按螺旋线的方向不同可分为右旋螺纹和左旋螺纹；按螺旋线的线数可分为单线螺纹和多线螺纹；按牙型可分为三角形螺纹、梯形螺纹、锯齿形螺纹、矩形螺纹和圆形螺纹等。

螺纹的一般分类方法如下：

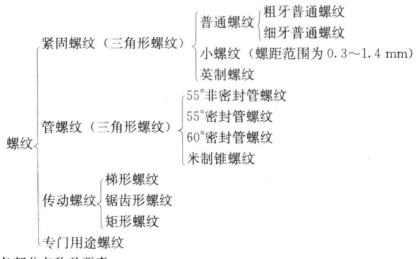

2. 螺纹各部分名称及要素

螺纹各部分的名称如图 6—3 所示。螺纹的要素有牙型、直径、线数、螺距（导程）及向等。

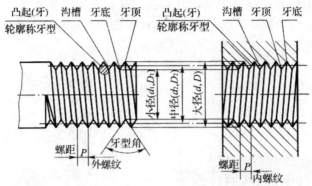

图6—3 螺纹各部分的名称

（1）牙型

在通过螺纹轴线的断面上，螺纹的轮廓形状称为牙型，常见的有三角形、梯形和锯齿形等。

（2）直径

螺纹的直径分为大径、中径和小径，如图6—3所示。

1）大径 d（D）是指与外螺纹牙顶或内螺纹牙底相切的假想圆柱的直径。

2）小径 d_1（D_1）是指与外螺纹牙底或内螺纹牙顶相切的假想圆柱的直径。

3）中径 d_2（D_2）是指一个假想圆柱的直径，该圆柱的母线通过牙型上沟槽和凸起宽度相等的地方。

公称直径是代表螺纹尺寸的直径，是指螺纹大径的基本尺寸。

（3）线数 n

螺纹有单线及多线之分。零件表面上沿一条螺旋线所形成的螺纹称为单线螺纹；沿两条或两条以上在轴向等距分布的螺旋线所形成的螺纹称为多线螺纹。

（4）螺距 P 和导程 P_h

螺距是指相邻两牙在中径线上对应两点间的轴向距离；导程是指同一条螺旋线上的相邻两牙在中径线上对应两点间的轴向距离，如图6—4所示。应注意：螺距和导程是两个不同的概念，螺距、导程和线数的关系是：$P_h = nP$。

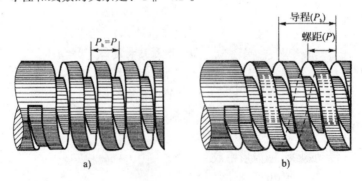

图6—4 螺距与导程

（5）旋向

当外螺纹顺时针方向旋进螺纹孔时，称为右旋螺纹；当外螺纹逆时针方向旋进螺纹孔时，称为左旋螺纹。旋向也可以这样判定：将外螺纹轴线竖直放置，螺纹的可见部分右高左低为右旋螺纹；左高右低为左旋螺纹。常用的螺纹是单线右旋螺纹。

在螺纹的要素中，牙型、大径和螺距是决定螺纹的最基本要素，称为螺纹三要素。凡螺纹三要素符合国家标准规定的称为标准螺纹；若牙型符合标准，其他要素不符合标准规定的，称为特殊螺纹；凡螺纹三要素都不符合标准规定的，称为非标准螺纹。

在实际生产中使用的各种螺纹大多数都是标准螺纹，常用的标准螺纹见表6—1。

表6—1　　　　　　　　　　　　　　常用的标准螺纹

类型		牙型放大图	特征代号	用途及说明
普通螺纹	粗牙	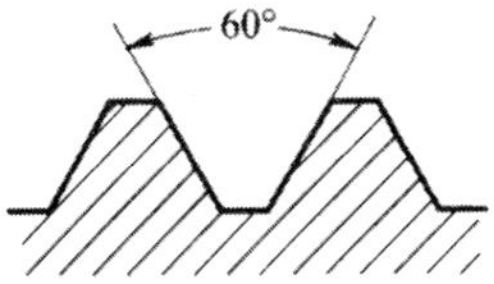	M	是最常用的一种连接螺纹，直径相同时，细牙螺纹的螺距比粗牙螺纹的螺距小，粗牙螺纹不注螺距
	细牙			
管螺纹	55°非密封管螺纹	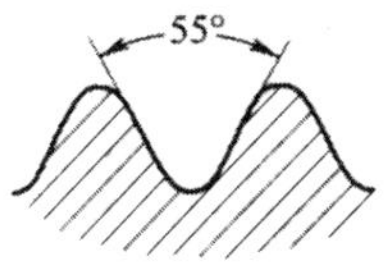	G	管道连接中的常用螺纹，螺距及牙型均较小。螺纹的大径应从有关标准中查出，代号 R_c 表示圆锥内螺纹，R_P 表示圆柱内螺纹，R_1 表示与圆柱内螺纹相配合的圆锥外螺纹，R_2 表示与圆锥内螺纹相配合的圆锥外螺纹
	55°密封管螺纹	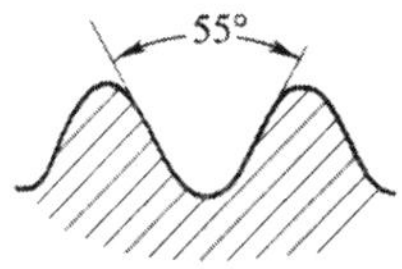	R_c R_P R_1 R_2	
梯形螺纹			Tr	常用的两种传动螺纹，用于传递运动和动力，梯形螺纹可传递双向动力，锯齿形螺纹用来传递单向动力
锯齿形螺纹			B	

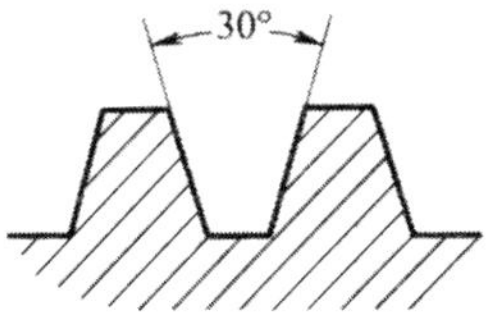

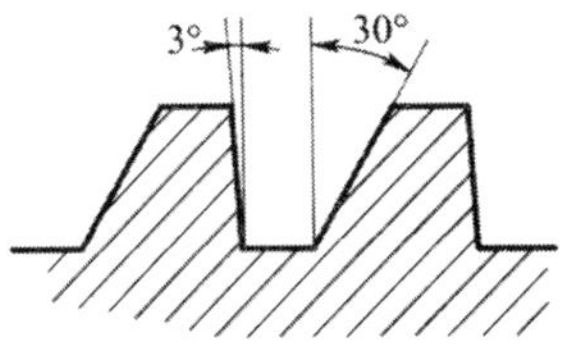

3. 螺纹的规定画法

（1）外螺纹的画法

国家标准规定外螺纹牙顶（大径）和螺纹终止线用粗实线表示，牙底（小径）用细实线表示（$d_1 \approx 0.85d$），在与轴线平行的投影图上小径的细实线应画到倒角处。在与轴线垂直的投影图上，小径的细实线圆只画约3/4圈，螺杆的倒角圆省略不画。螺尾部分一般不必画出，当需要表示螺尾时，该部分用与轴线成30°角的细实线画出，外螺纹的画法如图6—5所示。

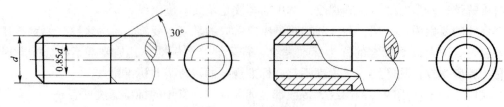

图 6—5　外螺纹的画法

（2）内螺纹的画法

内螺纹的画法如图 6—6 所示。不可见螺纹的所有图线均用虚线绘制；在剖视图或断面图中，内螺纹牙顶（小径）和螺纹终止线用粗实线表示，牙底（大径）用细实线表示，剖面线必须画到粗实线。在与轴线垂直的投影图上，大径的细实线圆只画约 3/4 圈，不画螺纹孔口的倒角圆。绘制不穿通的螺纹孔时，应将钻孔深度与螺纹部分的深度分别画出，两者深度相差 0.5D（其中 D 为螺纹孔公称直径），孔底部的锥顶角应画成 120°，如图 6—6b 所示。

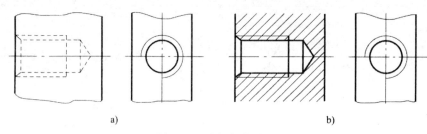

a)   b)

图 6—6　内螺纹的画法

如图 6—7 所示为圆锥内、外螺纹的画法。

（3）螺纹连接的画法

内、外螺纹旋合时，旋合部分按外螺纹的画法绘制，其余部分按各自的画法表示，如图 6—8 所示为螺纹连接的画法。

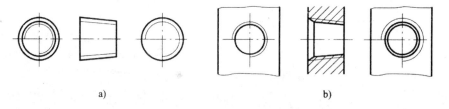

a)   b)

图 6—7　圆锥内、外螺纹的画法
a）圆锥外螺纹　b）圆锥内螺纹

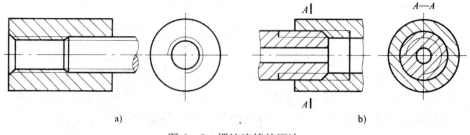

a)   b)

图 6—8　螺纹连接的画法

4. 螺纹的规定标记

（1）标准螺纹的标注

1）普通螺纹的规定标记　普通螺纹的完整标记由特征代号、尺寸代号、公差带代号、旋合长度代号和旋向代号组成。螺纹公差带代号包括中径和顶径公差带代号。标注方法是将规定标记写在尺寸线或尺寸线的延长线上，尺寸线的箭头指向螺纹的大径。

2）管螺纹的规定标记　管螺纹的规定标记由螺纹特征代号及尺寸代号两项组成。55°非密封管螺纹中外螺纹还要加公差等级代号。标注方法是用一条斜向细实线一端指向螺纹大径，另一端引一横向细实线，将螺纹标记注写在横线上。

3）梯形螺纹的规定标记　梯形螺纹的标记由特征代号、公称直径和螺距（若为多线螺纹则标注导程）、旋向、公差带代号、旋合长度代号组成，其标注方法同普通螺纹。

普通螺纹、管螺纹、梯形螺纹等标准螺纹的标注示例见表6—2。

表6—2　　　　　　　　　　　标准螺纹的标注示例

螺纹种类	标注内容和方式	图　例	说　明
粗牙普通螺纹	M24—5g6g—S 短旋合长度 顶径公差带 中径公差带 大径 M16—6H—LH（中等旋合长度不标注） 左旋（右旋不注） 中径、顶径公差带（相同）	M24—5g6g—S	1. 粗牙普通螺纹不注螺距 2. 右旋省略不注，左旋要标"LH" 3. 中径、顶径公差带相同时，只标一个代号 4. 旋合长度有中等（N）、短（S）、长（L）3种，中等旋合长度可以不标注 5. 单线螺纹只标螺距，多线螺纹还要注导程 6. 内、外螺纹装配在一起时，其公差带用斜线分开，左边表示内螺纹公差带，右边表示外螺纹公差带。如 M20×2—6H/6g
细牙普通螺纹	M24×2—6H 螺距	M24×2—6h	
55°非密封管螺纹	G 1 A 公差等级代号 尺寸代号 特征代号	G1A	1. 外螺纹公差等级分为A级和B级两种 2. 内螺纹公差等级只有一种，故不注

· 127 ·

螺纹种类	标注内容和方式	图　例	说　明
55°密封管螺纹	R_C　3/4 — 尺寸代号 — 圆锥内螺纹 $R_1 3/4$ — 与圆柱内螺纹相配合的圆锥外螺纹 $R_2 3/4$ — 与圆锥内螺纹相配合的圆锥外螺纹 $R_p 3/4$ — 圆柱内螺纹	R_C-3/4	内、外螺纹只有一种公差带，所以省略标注
梯形螺纹	Tr40×8—8e — 螺距 Tr40×12(P6)LH—8e—L — 左旋 — 螺距 — 导程	Tr40×8—8e	1. 梯形螺纹只标注中径公差带代号 2. 梯形和锯齿形螺纹只有中等旋合长度（N）和长旋合长度（L）两种，中等旋合长度可以不注

（2）特殊螺纹与非标准螺纹的标注

特殊螺纹与非标准螺纹的标注见表6—3。

表6—3　　　　　　特殊螺纹与非标准螺纹的标注

螺纹种类	图　例	说　明
特殊螺纹	特M23×1.25—5g	牙型符合标准，直径、螺距不符合标准的螺纹，应在牙型符号前加注"特"字，并标出大径、螺距以及中径和顶径公差带代号
非标准螺纹	ϕ ϕ_1	非标准螺纹应画出螺纹的牙型，并注出所需的尺寸及有关要求

5. 常用螺纹紧固件

螺纹紧固件种类很多，常用的螺纹紧固件有螺栓、双头螺柱、螺钉以及螺母、垫圈等。常见的连接形式有螺栓连接、双头螺柱连接和螺钉连接。螺纹紧固件都是标准件，它们的尺寸和数据可从有关标准中查到。常用螺纹紧固件的规定标记见表6—4。

表 6—4 　　　　　　　　　　常用螺纹紧固件的规定标记

名称	图　　　例	规定标记示例
六角头螺栓		螺栓 GB/T 5782　M10×40
双头螺柱		螺栓 GB/T 898　M10×50
开槽沉头螺钉		螺栓 GB/T 68　M8×50
六角螺母		螺母 GB/T 6170　M12 螺母 GB/T 6172　M12
平垫圈		垫圈 GB/T 97.1　12—140HV 倒角型垫圈 GB/T 97.2　12—140HV
弹簧垫圈		垫圈 GB/T 93　12 轻型弹簧垫圈用: 垫圈 GB/T 859　12

（1）常用螺纹紧固件的画法

绘制螺纹紧固件时，一般只需根据螺纹的公称直径，按比例近似地画出，也可以从相应的标准中查出各部分尺寸后将其画出。

螺栓头部及六角螺母外形的比例画法如图6—9所示。螺钉头部的近似画法如图6—10所示。

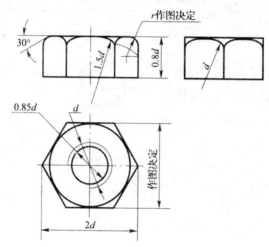

图6—9　螺栓头部及六角螺母外形的比例画法

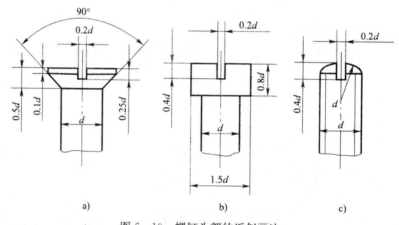

图6—10　螺钉头部的近似画法

a) 开槽沉头螺钉　b) 开槽盘头螺钉　c) 开槽紧定螺钉

（2）螺栓连接

螺栓连接一般用来连接两个不太厚的零件。在装配图中，螺栓连接常采用比例画法，如图6—11a所示；也可采用简化画法，如图6—11b所示。

（3）双头螺柱连接

当两个被连接件中有一件很厚，加工通孔有困难时，常采用双头螺柱连接。在装配图中，双头螺柱常采用比例画法，如图6—12a所示；也可采用简化画法，如图6—12b所示。

（4）螺钉连接

常用螺钉连接的画法如图6—13所示。应当注意的是：具有槽沟的螺钉头部，在主视图中槽沟应放正，而在俯视图中规定画成与水平面倾斜45°。

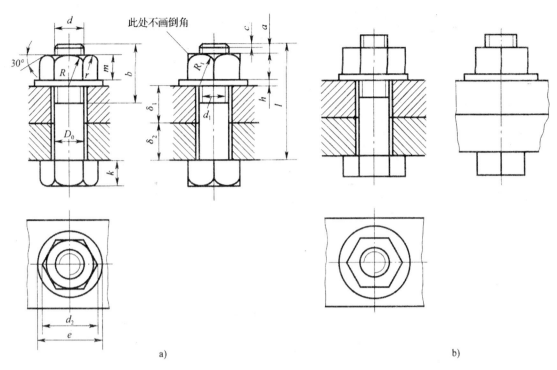

图 6—11 螺栓连接的画法

a) 比例画法 b) 简化画法

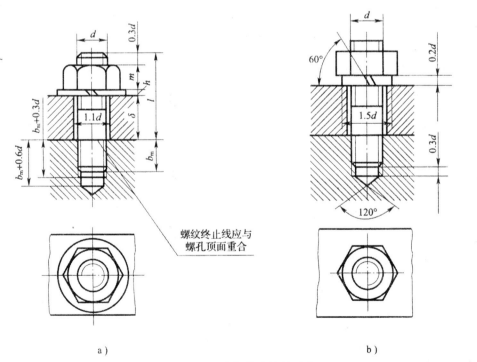

图 6—12 双头螺柱连接的画法

a) 比例画法 b) 简化画法

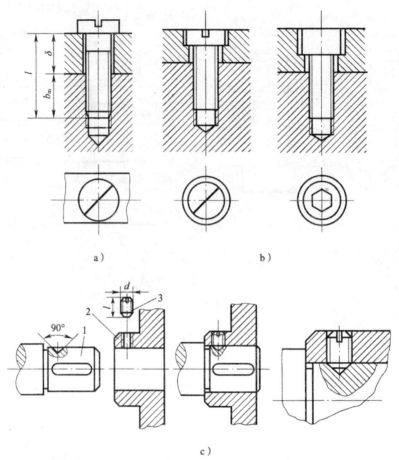

图 6—13　常用螺钉连接的画法

a）开槽圆柱头螺钉连接　b）开槽圆柱头内六角螺钉连接　c）紧定螺钉连接

1—轴　2—轮　3—紧定螺钉

二、键和销连接

1. 键连接

键用于轴和轴上零件（如齿轮、带轮等）之间的周向连接，以传递转矩，常用键连接的形式如图 6—14 所示。

（1）常用键的形式及标记

常用的键有普通平键、半圆键和钩头楔键 3 种，如图 6—15 所示。

常用键的形式和规定标记见表 6—5。

（2）键连接的画法

普通平键和半圆键的两侧面为工作面，键与轴上键槽的底面为接触面，均应画成一条线；键与轮毂上键槽的顶面有间隙，应画两条线，平键连接的画法如图 6—16 所示，半圆键连接的画法如图 6—17 所示。

钩头楔键连接的画法如图 6—18 所示。钩头楔键的顶面和底面为工作面，槽顶和槽底都没有间隙。键的侧面为非工作面，因此钩头楔键与槽的两侧面应留有间隙。

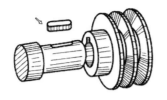 

a)   b)

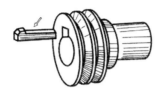

c)

图 6—14　常用键连接的形式

a) 平键连接　b) 半圆键连接　c) 钩头楔键连接

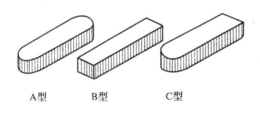 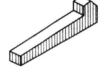

A型　　B型　　C型

a)   b)   c)

图 6—15　常用键的种类

a) 普通平键　b) 半圆键　c) 钩头楔键

表 6—5　　　　　　　　　　　　常用键的形式和规定标记

名称	形　状	图　例	规 定 标 记
普通平键	A型	A型	$b=18$ mm, $h=11$ mm, $L=100$ mm 的圆头普通平键 GB/T 1096　键 $18\times11\times100$

名称	形 状	图 例	规 定 标 记
普通平键	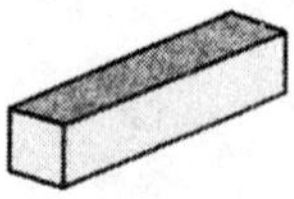 B型	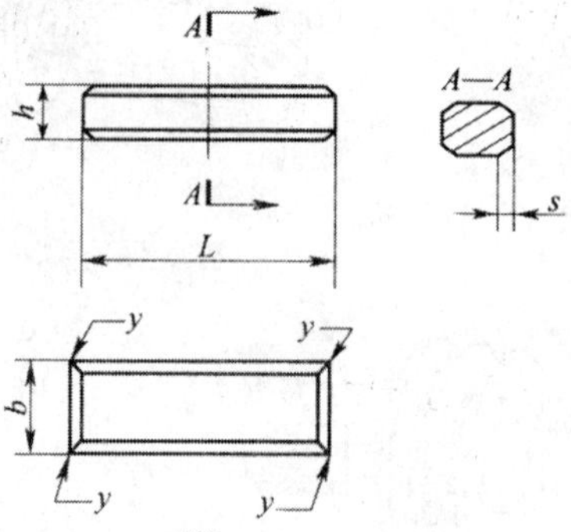	$b=18$ mm，$h=11$ mm，$L=100$ mm 的方头普通平键（B型） GB/T 1096　键 B18×11×100
	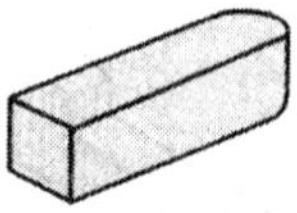 C型	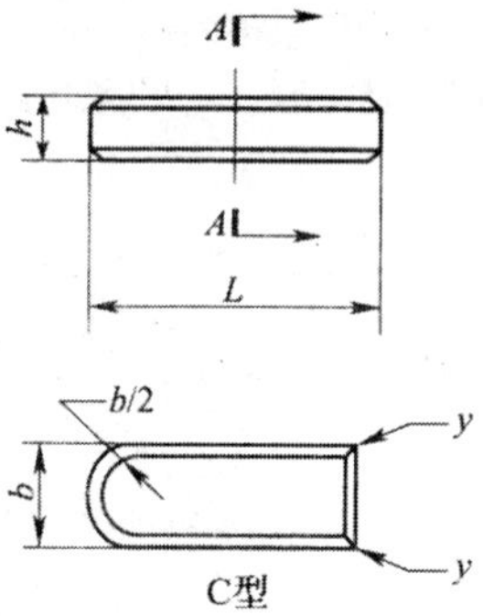	$b=18$ mm，$h=11$ mm，$L=100$ mm 的半圆头普通平键（C型） GB/T 1096　键 C18×11×100
半圆键		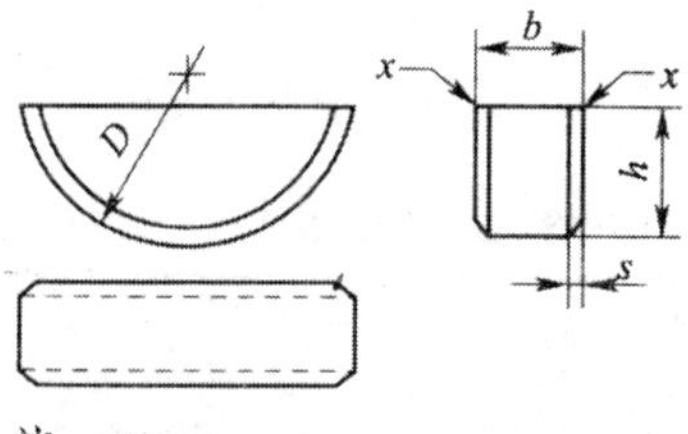 注：$x \leqslant s_{max}$	$b=6$ mm，$h=10$ mm，$D=25$ mm，$L=24.5$ mm 的半圆键 GB/T 1099　键 6×10×25
钩头楔键		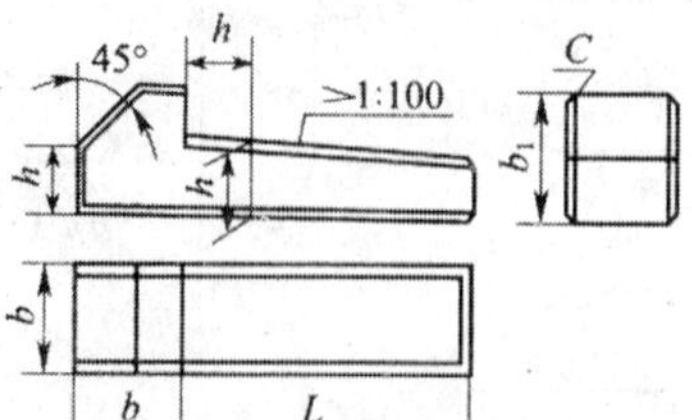	$b=18$ mm，$h=11$ mm，$L=100$ mm 的钩头楔键 GB/T 1565　键 18×11×100

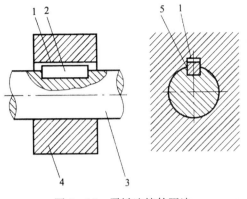
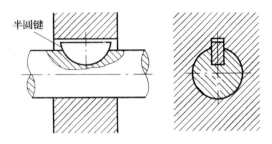

图 6—16 平键连接的画法

1—非工作面 2—平键

3—轴 4—轮毂 5—工作面

图 6—17 半圆键连接的画法

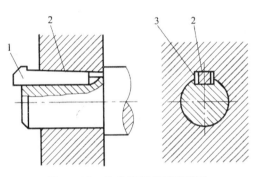

图 6—18 钩头楔键连接的画法

1—钩头楔键 2—工作面 3—非工作面

2. 花键连接

花键连接又称为多槽键连接,轴和键制成整体。花键按齿形不同分为矩形花键(见图 6—19)和渐开线花键。矩形花键应用较广泛,其结构和尺寸已标准化。花键轴称为外花键,如图 6—19a 所示。花键孔称为内花键,如图 6—19b 所示。花键连接应用在传递转矩大,要求同轴度和导向性好的场合。

外花键的画法和尺寸标注如图 6—20 所示。

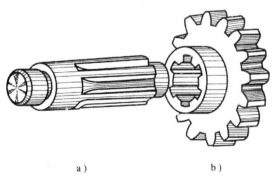

a) b)

图 6—19 矩形花键

a) 外花键 b) 内花键

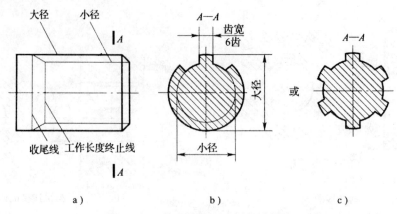

图 6—20 外花键的画法和尺寸标注

内花键的画法和尺寸标注如图 6—21 所示。

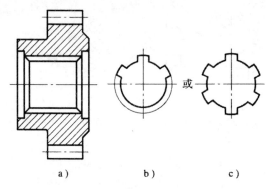

图 6—21 内花键的画法和尺寸标注

花键连接的画法如图 6—22 所示。

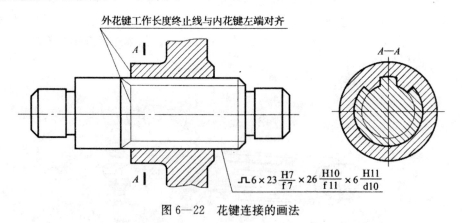

图 6—22 花键连接的画法

3. 销连接

销连接用于零件之间的连接或定位，常用的有圆柱销、圆锥销和开口销。开口销用在带孔螺栓和带槽螺母上，将其插入槽形螺母的槽口和带孔螺栓的孔中，并将销的尾部叉开，以防止螺母与螺栓松动。销的形式、标记示列和连接画法见表 6—6。

表 6—6　　　　　　　　　销的形式、标记示例和连接画法

名称	形　式	标记示例	连接画法
圆柱销		销 GB/T 119.1　B6×50 表示公称直径（外径）$d=$ 6 mm，公称长度 $l=50$ mm，材料为钢，不经淬火，不经表面处理的 B 型圆柱销	
圆锥销	1:50	销 GB/T 117　10×80 表示公称直径（小端）$d=$ 10 mm，公称长度 $l=80$ mm，材料为 35 钢，热处理后硬度为 28～38HRC，表面经氧化处理的 A 型圆锥销	
开口销		销 GB/T 91　3×20 表示销孔直径 $d_0=3$ mm，长度 $l=20$ mm，材料为低碳钢，不经表面处理的开口销	

三、齿轮

齿轮是广泛用于机器或部件中的传动零件，它用来传递动力，改变速度和旋转方向。齿轮的轮齿部分已标准化。常见的齿轮传动形式分为以下 3 种：

圆柱齿轮——用于两平行轴之间的传动（见图 6—23a）。

圆锥齿轮——用于两相交轴之间的传动（见图 6—23b）。

蜗轮蜗杆——用于两垂直交叉轴之间的传动（见图 6—23c）。

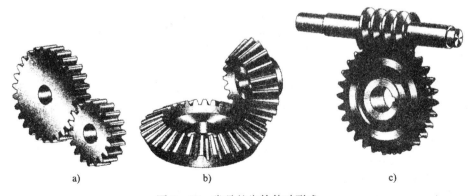

a)　　　　　　　　　　b)　　　　　　　　　　c)

图 6—23　常见的齿轮传动形式

齿轮有标准齿轮和非标准齿轮之分，具有标准齿形的齿轮称为标准齿轮。下面介绍的均为标准齿轮的基本知识和规定画法。

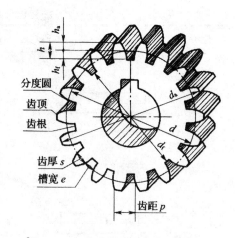

1. 圆柱齿轮

圆柱齿轮按轮齿的方向不同可分为直齿、斜齿和人字齿等。

（1）直齿圆柱齿轮各部分名称及代号

直齿圆柱齿轮各部分的名称、代号和尺寸关系如图6—24所示。

齿顶圆 d_a ——通过轮齿顶端的圆。

齿根圆 d_f ——通过轮齿根部的圆。

分度圆 d ——当标准齿轮的齿厚与齿槽宽相等时所在位置的圆。

图6—24　直齿圆柱齿轮各部分的名称、代号和尺寸关系

齿距 p ——在分度圆上，相邻两齿对应齿廓之间的弧长。

模数 m ——齿距 p 与 π 之比。GB/T 1357—87规定了标准模数，见表6—7。

表6—7　　　　　　　　　标准模数（摘自GB/T 1357—87）

第一系列	1　1.25　1.5　2　2.5　3　4　5　6　8　10　12　16　20　25　32　40
第二系列	1.75　2.25　2.75　3.5　4.5　5.5　7　9　14　18　22　28　36　45

注：选用模数时，应优先选用第一系列。

齿顶高 h_a ——从分度圆到齿顶圆的径向距离。

齿根高 h_f ——从分度圆到齿根圆的径向距离。

全齿高 h ——从齿根圆到齿顶圆的径向距离。

标准圆柱齿轮的名称及计算公式见表6—8。

表6—8　　　　　　　　　标准圆柱齿轮的名称及计算公式

名　称	代　号	计　算　公　式
分度圆直径	d	$d = mz$
齿顶高	h_a	$h_a = m$
齿根高	h_f	$h_f = 1.25m$
全齿高	h	$h = h_a + h_f = 2.25m$
齿顶圆直径	d_a	$d_a = m(z+2)$
齿根圆直径	d_f	$d_f = m(z-2.5)$
齿距	p	$p = \pi m$
齿厚 s 与齿槽宽 e		$s = e = \dfrac{\pi m}{2}$
中心距	a	$a = \dfrac{1}{2}(d_1 + d_2) = \dfrac{m}{2}(z_1 + z_2)$

（2）直齿圆柱齿轮的画法

1）单个圆柱齿轮的画法　如图 6—25 所示为单个齿轮的规定画法。齿顶圆和齿顶线用粗实线绘制。分度圆和分度线用点画线绘制。齿根圆和齿根线用细实线绘制或省略不画，如图 6—25a 所示。

在剖切平面通过齿轮轴线的剖视图中，轮齿按不剖绘制，齿根线用粗实线绘制。

当齿轮为斜齿和人字齿时，在外形视图上画出三条与齿线方向一致的细实线，如图 6—25b，c所示。

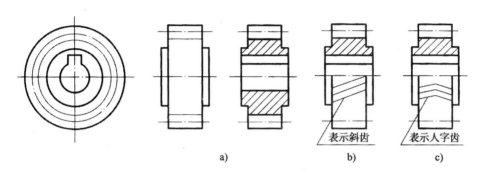

图 6—25　单个齿轮的规定画法
a）直齿　b）斜齿　c）人字齿

在齿轮的工作图中，只需标注分度圆直径、齿顶圆直径及齿宽的尺寸，齿轮的基本参数，如模数、齿数、压力角以及精度等级等数据，在图样的右上角列表注明。轮体部分的画法和尺寸标注与一般零件相同，如图 6—26 所示为直齿圆柱齿轮的工作图。

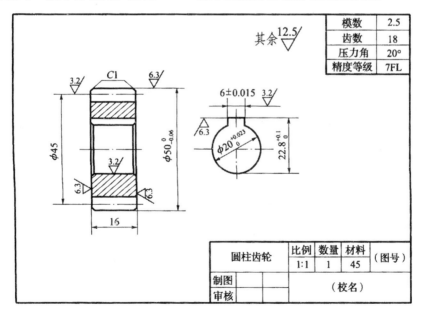

模数	2.5
齿数	18
压力角	20°
精度等级	7FL

圆柱齿轮	比例	数量	材料	（图号）
	1:1	1	45	
制图			（校名）	
审核				

图 6—26　直齿圆柱齿轮的工作图

2）圆柱齿轮的啮合画法　如图 6—27 所示为直齿圆柱齿轮的啮合画法。在端面视图中，啮合区内的齿顶圆均用粗实线绘制（见图 6—27b）；相切的两分度圆用点画线绘制，两齿根圆省略不画（见图6—27b）。平行于齿轮轴线的视图若不进行剖切，则外形图相切处的分度线用粗实线绘制（见图6—27c），啮合区内的齿顶线不必画出（见图6—27d）。在剖视图中，轮齿啮合区的画法如图6—28所示，一个齿轮的齿顶线与另一个齿轮的齿根线之间有$0.25m$的间隙，被遮挡的齿顶线用虚线绘制，也可省略不画。

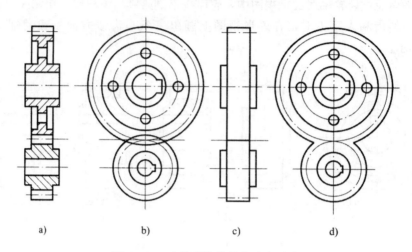

a)   b)   c)   d)

图6—27 直齿圆柱齿轮的啮合画法

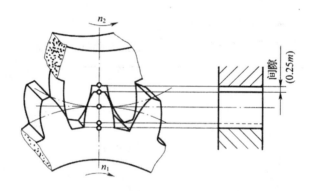

图6—28 轮齿啮合区在剖视图中的画法

2. 锥齿轮

（1）**直齿锥齿轮各部分的名称和尺寸关系**

锥齿轮的轮齿是在圆锥面上切出来的，为了设计和制造方便，规定以大端参数为准。锥齿轮各部分的名称及尺寸关系如图6—29所示，其各部分的计算公式见表6—9。

（2）**单个锥齿轮的规定画法**

单个锥齿轮的规定画法如图6—30所示。锥齿轮不剖时，其顶锥线用粗实线绘制，根锥线省略不画，分度锥线用点画线绘制，如图6—30a所示。画锥齿轮剖视图时，轮齿按不剖处理，顶锥线和根锥线均用粗实线绘制，分度锥线用点画线绘制，如图6—30b所示。端面视图规定用粗实线画出大端和小端的顶圆，用点画线画出大端的分度圆，如图6—30c所示。

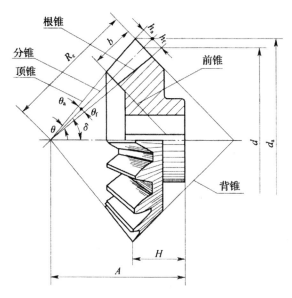

图 6—29 锥齿轮各部分的名称及尺寸关系

表 6—9   锥齿轮各部分的名称和计算公式

名称	代号	计算公式	名称	代号	计算公式
齿顶高	h_a	$h_a = m$	齿根圆直径	d_f	$d_f = m(z - 2.4\cos\delta)$
齿根高	h_f	$h_f = 1.2m$	外锥距	R_e	$R_e = \dfrac{mz}{2\sin\delta}$
分度圆锥角	δ		齿顶角	θ_a	
齿顶圆直径	d_a	$d_a = m(z + 2\cos\delta)$	齿根角	θ_f	
分度圆直径	d	$d = mz$			

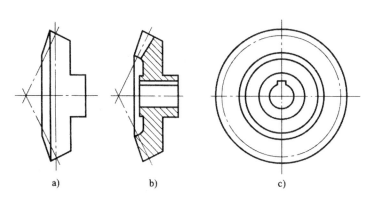

图 6—30 单个锥齿轮的规定画法
a) 外形图 b) 剖视图 c) 端视图

如图 6—31 所示为一对锥齿轮啮合时的画法。

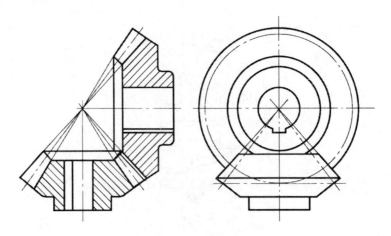

图 6—31 锥齿轮的啮合画法

四、滚动轴承

滚动轴承是用来支撑轴的标准件，它由于具有摩擦阻力小、结构紧凑等优点，在机器中被广泛使用。滚动轴承由内圈、外圈、滚动体和保持架组成。

最常见的滚动轴承按其承受载荷的情况不同可分为三类，即向心轴承（主要承受径向载荷）、推力轴承（承受轴向载荷）和向心推力轴承（同时承受径向载荷和轴向载荷）。

1. 滚动轴承的代号

滚动轴承的类型很多，而各类轴承又有不同的结构、尺寸、公差等级和技术要求，为便于组织生产和选用，规定了滚动轴承的代号。我国滚动轴承的代号由基本代号、前置代号和后置代号构成，其排列顺序见表 6—10。

表 6—10　　　　　　　　　　滚动轴承代号的排列顺序

前 置 代 号	基 本 代 号			后 置 代 号
× 成套轴承 分部件代号	□（×） 类型代号	□ □		□ □ 内径代号	× 公差等级及其他
		尺寸系列代号			
		宽度、高度代号	直径代号		

注：□——数字，×——字母。

（1）基本代号

滚动轴承的基本代号由轴承类型、尺寸系列代号和内径代号构成，其左起第一位为轴承类型代号，用数字或字母表示，见表 6—11，若代号为"0"则省略。尺寸系列代号由轴承宽（高）度系列代号和直径系列代号组合而成，用两位数字表示。内径代号也用两位数字表示，当代号数字为 00，01，02，03 时，分别表示轴承的公称内径 $d=10$，12，15 和 17 mm；当代号数字为 04～99 时，用代号数字乘以 5，即得到轴承内径。

表 6—11

表 6—11 　　　　　　　　　　**轴承类型代号（GB/T 272—93）**

代号	0	1	2	3	4	5	6	7	8	N
轴承类型	双列角接触球轴承	调心球轴承	调心滚子轴承	圆锥滚子轴承	双列深沟球轴承	推力球轴承	深沟球轴承	角接触球轴承	推力圆柱滚子轴承	圆柱滚子轴承

（2）前置、后置代号

当轴承的结构及形状、尺寸、公差、技术要求有改变时，可在基本代号的左边或右边添加补充代号，其代号的含义需查阅 GB/T 272—93。

轴承代号示例：

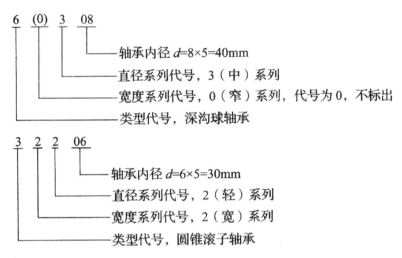

2. 滚动轴承的画法

滚动轴承是标准件，不需要画零件图。在装配图中，需较详细地表达滚动轴承的主要结构时，可采用规定画法；只需简单地表达滚动轴承的特征性能时，可采用特征画法。滚动轴承的规定画法和特征画法见表 6—12。

表 6—12 　　　　　　**滚动轴承的规定画法和特征画法（GB/T 4459.7—1998）**

名称和标准号	查表主要数据	画　　法		
		规 定 画 法	特 征 画 法	装 配 画 法
深沟球轴承 GB/T 276—94	D d B			

名称和标准号	查表主要数据	画　法		
		规 定 画 法	特 征 画 法	装 配 画 法
圆锥滚子轴承 GB/T 297—94	D d B T C	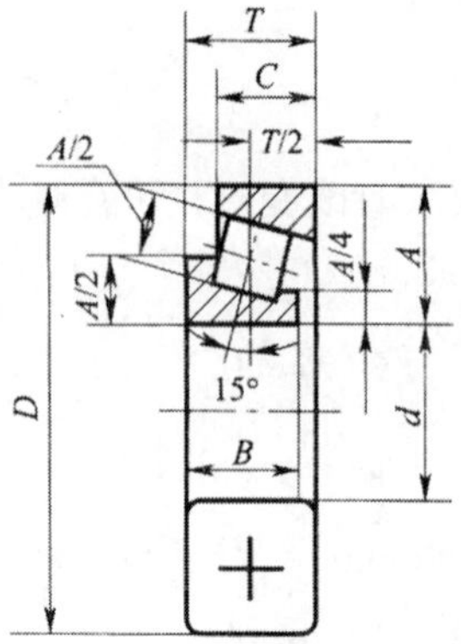	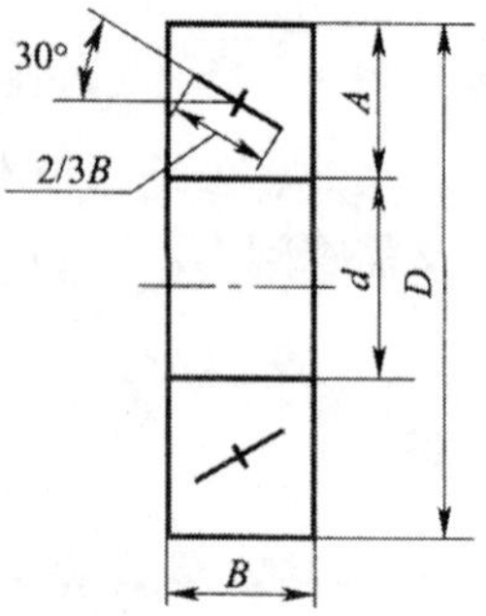	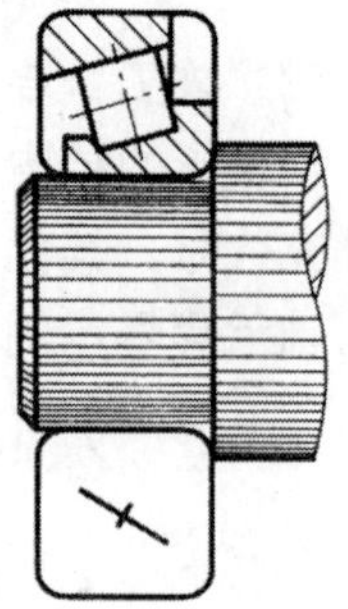
推力球轴承 GB/T 301—1995	D d T	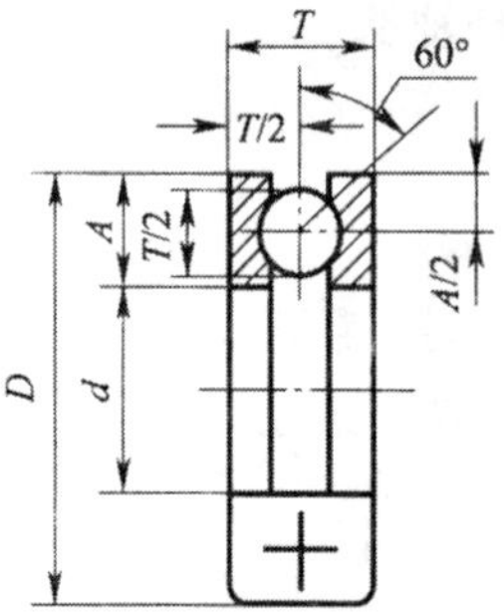	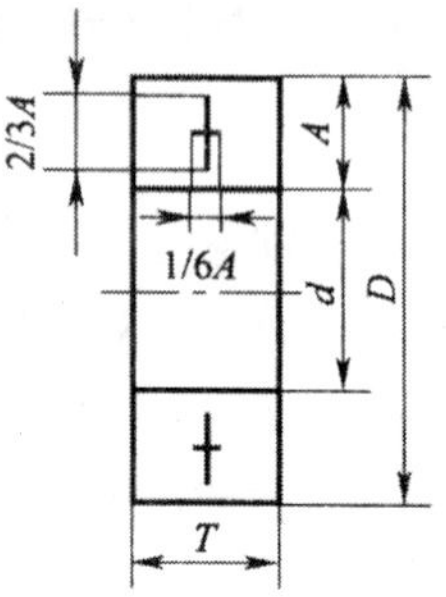	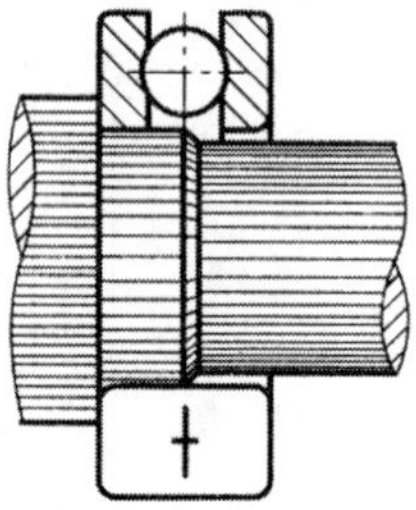

五、弹簧

弹簧是一种常用零件，主要用于减振、夹紧、承受冲击、储存能量、复位和测力等，其特点是受力后能产生较大的弹性变形，去除外力后能恢复原状。

1. 弹簧的种类

弹簧的种类很多，主要有螺旋弹簧、涡卷弹簧、板弹簧及碟形弹簧等，其中以螺旋压缩弹簧最为常用。

弹簧的类型如图 6—32 所示。

2. 压缩弹簧的表达方法——单个弹簧的画法

圆柱螺旋压缩弹簧可用视图、剖视图或示意图来表示，其画法如图 6—33 所示。

（1）在平行于轴线的投影面的视图中，各圈螺旋线的轮廓线画成直线。

（2）对于有效圈数在四圈以上的弹簧，可以在每一端只画出 1～2 圈（支撑圈除外），中间只需用通过簧丝断面中心的细点画线连起来，且可以适当缩短图形长度，如图 6—33 所示。

（3）螺旋弹簧均可画成右旋，左旋弹簧也可画成左旋。但左旋弹簧不论画成左旋还是右旋，一律注出旋向"左"。

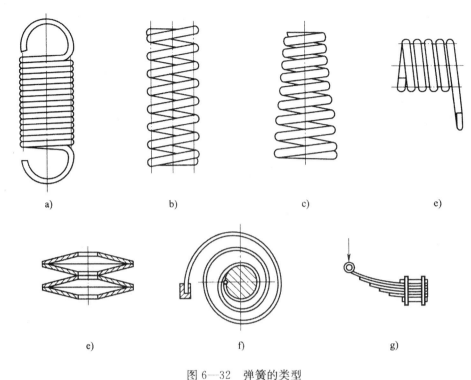

图6—32　弹簧的类型

a）圆柱拉伸弹簧　b）圆柱压缩弹簧　c）圆锥螺旋压缩弹簧　d）圆柱扭力弹簧
e）碟形弹簧　f）涡卷弹簧　g）板弹簧

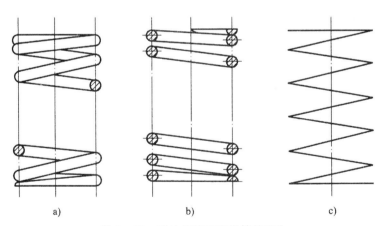

图6—33　圆柱螺旋压缩弹簧的画法

a）视图　b）剖视图　c）示意图

（4）对于螺旋压缩弹簧，如要求两端并紧且磨平时，不论支撑圈数有多少和末端贴紧情况如何，均以支撑圈数为2.5圈（有效圈数是整数）的形式绘制，必要时也可按支撑圈的实际结构绘制。

（5）在装配图中，被弹簧挡住的结构一般不画出，可见部分从弹簧的外轮廓线或从通过簧丝断面中心的细点画线画起，如图6—34所示为装配图中弹簧的画法。

（6）在装配图中，当弹簧被剖切时，剖面直径或厚度在图形上等于或小于2 mm时，也可涂黑表示，且各圈的轮廓线不画，如图 6—34b 所示。当型材直径或厚度在图形上等于或小于 2 mm 时，螺旋弹簧允许用示意图绘制，如图 6—34c 所示。

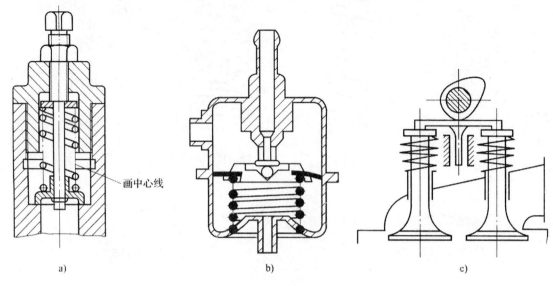

图 6—34　装配图中弹簧的画法

a) 可见部分从中心线画起　b) 断面涂黑　c) 示意图

六、中心孔的表达方法

1. 中心孔的作用

中心孔是轴类工件在顶尖上安装的定位基面。中心孔的 60°锥孔与顶尖上的 60°锥面相配合；里端的小圆孔用于保证锥孔与顶尖锥面配合贴切，并可储存少量润滑油（黄油）。

2. 中心孔的标注方法及类型

中心孔的标注方法及类型见表 6—13。

表 6—13　　　　　　　　　　中心孔的标注方法及类型

	标 注 方 法	说 明
标注示例	GB/T 4459.5—B2.5/8 a) GB/T 4459.5—A1.6/3.35 b) GB/T 4459.5—A4/8.5 c)	中心孔是标准结构，如需在图样上表明中心孔要求时，可用符号表示。 　图 a 表示在完工的零件上要求保留中心孔的标注示例 　图 b 表示在完工的零件上不允许保留中心孔的标注示例 　图 c 表示在完工的零件上是否保留中心孔都可以的标注示例

标 准 方 法	说 明
中心孔类型 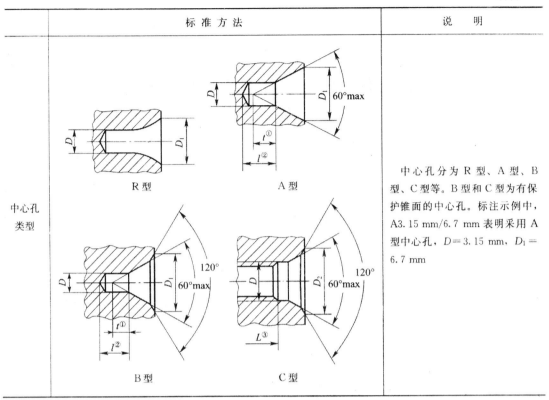 R 型　　　　A 型 B 型　　　　C 型	中心孔分为 R 型、A 型、B 型、C 型等。B 型和 C 型为有保护锥面的中心孔。标注示例中，A3.15 mm/6.7 mm 表明采用 A 型中心孔，$D=3.15$ mm，$D_1=6.7$ mm

①尺寸 t 参见 GB/T 4459.5—1999《机械制图　中心孔表示法》中的附录 A。

②尺寸 l 取决于中心钻的长度，不能小于 t。

③尺寸 L 取决于零件的功能要求。

自我评价

一、解释下列代号的含义

1. M12×1.5—6g

2. Tr40×14（P7）LH—8e—L

3. 轴承 6405

二、已知一对标准直齿圆柱齿轮中的大齿轮 $m=4$ mm，$z=20$，两齿轮中心距 $a=100$ mm，试画出两齿轮啮合图。

第七章 零件与部件的表达

教学目标

学习零件图和装配图的基本知识，掌握零件结构及形状的表达方法以及零件图的尺寸标注。了解装配图的基本规定和特殊表达方法，尺寸标注及序号和明细栏，常见的工艺结构和装配结构。

实例导入

如图 7—1 所示的滑动轴承是机械传动中的常见部件，是用来支撑轴的，它由轴承座、轴承盖、螺栓、螺母等组成。本章主要研究零件图和装配图的基本知识，通过对本章的学习，进一步了解零件和部件的性能。

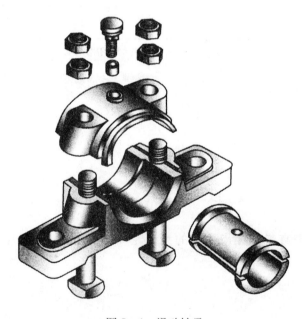

图 7—1 滑动轴承

问题探究

1. 零件图和装配图的基本知识有哪些？
2. 零件的结构及形状应如何表达？
3. 零件图的尺寸标注有哪些要求？

4. 装配图的明细栏有哪些基本规定?

5. 常见的工艺结构和装配结构有哪些?

能力构建

一、零件图和装配图的基本知识

所有的机器或部件都是由许多零件按一定的装配关系和技术要求装配而成的。制造机器或者部件前必须按照零件图制造零件。表达零件的结构及形状、尺寸大小和技术要求的图样称为零件工作图,简称零件图。如图7—2所示为齿轮轴零件图。

1. 零件图的作用和内容

(1) 零件图的作用

零件是组成机器或部件的基本单位。零件图是用来表示零件的结构及形状、尺寸大小和技术要求的图样,是直接指导制造和检验零件的重要技术文件。

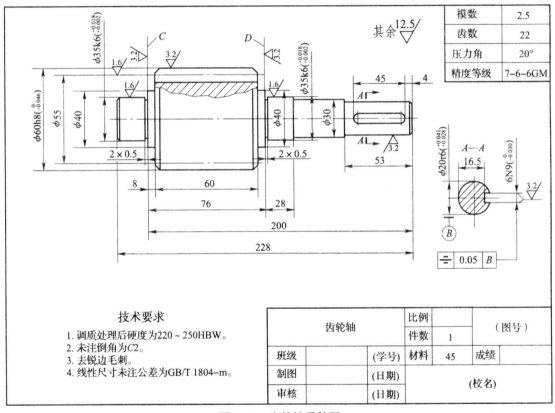

图7—2 齿轮轴零件图

(2) 零件图的内容

一个零件图一般应具备以下4方面的内容:

1) 图形 用一定数量的视图、剖视图、断面图、局部放大图等,正确、清晰、完整和简便地表达出零件的内和外部结构和形状。

2) 尺寸 正确、完整、清晰、合理地标注出零件各形体的大小和相对位置尺寸。

3）技术要求　标注或说明零件在加工、检验、装配、调试过程中所需要的质量要求，如表面粗糙度、尺寸公差、形位公差、热处理及表面处理要求等。

4）标题栏　标题栏在图样的右下角，用以填写零件的名称、材料、数量、图号、比例以及制图、审核、批准人员的签名和日期等。每张零件图都应有标题栏。

2. 装配图的作用和内容

（1）装配图的作用

装配图在科研和生产中起着十分重要的作用。在设计产品时，通常是根据设计任务书，先画出符合设计要求的装配图，再根据装配图画出符合要求的零件图。在制造产品时，要根据装配图制定装配工艺规程，随后再装配、调试和检验产品。在使用产品时，要从装配图上了解产品的结构、性能、工作原理以及保养、维修的方法和要求。如图7—3所示为机床用平口虎钳装配图。

（2）装配图的内容

1）一组视图　用以表达机器或部件的工作原理、装配关系、传动路线、连接方式及零件的基本结构。

2）必要的尺寸　表示机器或部件的性能、规格、外形大小及装配、检验、安装所需要的尺寸。

3）明细栏　注明各种零件的序号、代号、名称、数量、材料、质量、备注等内容，以便于读图、进行图样管理及生产准备、生产组织工作。

4）技术要求　说明机器或部件的性能及装配、检验等要求。

5）序号　组成机器或部件的每一种零件（结构和形状、尺寸规格及材料完全相同的为一种零件），在装配图上必须按一定的顺序编上序号。

6）标题栏　说明机器或部件的名称、图样代号、比例、质量及责任者的签名和日期等内容。

二、零件图结构及形状的表达

1. 分析零件的结构及形状

零件的结构及形状是由它在机器中的作用、装配关系和制造方法等因素决定的。零件的结构和形状及其工作位置或加工位置不同，所选择的视图也往往不同。因此，在选择零件的视图之前，应首先对零件进行形体分析和机构分析，同时了解零件的工作和加工情况，以便确切地表达零件的结构及形状，反映零件的设计和工艺要求。

2. 主视图的选择

主视图是表达零件最主要的一个视图。从便于看图这一要求出发，在选择主视图时应考虑以下两点：

（1）投影时零件在投影体系中的位置应尽量符合零件的主要加工位置和工作（安装）位置。通常对轴套、盘类等回转体零件选择其加工位置；对叉架、箱体类零件选择其工作位置。

（2）选择最能明显地反映零件形状和结构特征以及各组成形体之间相互关系的方向作为主视图的投影方向。

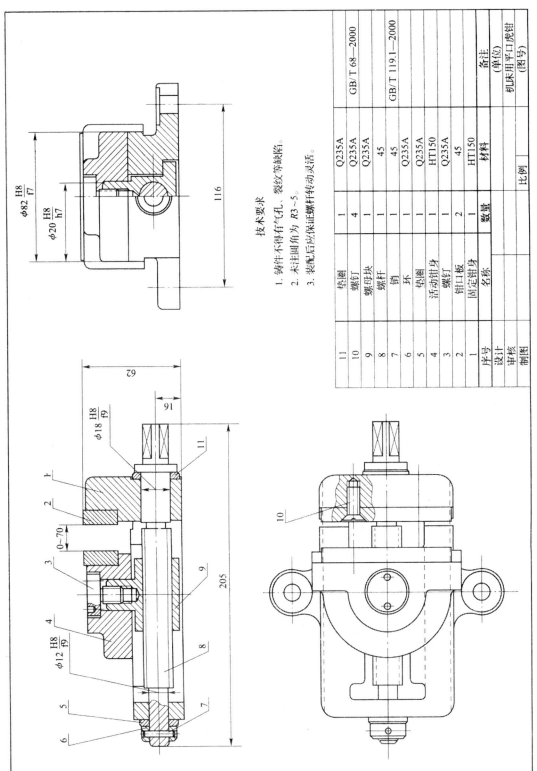

图 7-3 机床用平口虎钳装配图

技术要求

1. 铸件不得有气孔、裂纹等缺陷。
2. 未注圆角为 R3~5。
3. 装配后应保证螺杆转动灵活。

序号	名称	数量	材料	备注
11	垫圈	1	Q235A	
10	螺钉	4	Q235A	GB/T 68—2000
9	螺母块	1	Q235A	
8	螺杆	1	45	
7	销	1	45	GB/T 119.1—2000
6	环	1	Q235A	
5	垫圈	1	Q235A	
4	活动钳身	1	HT150	
3	螺钉	1	Q235A	
2	钳口板	2	45	
1	固定钳身	1	HT150	

设计			比例		机床用平口虎钳
审核					(图号)
制图					(单位)

3. 其他视图的选择

主视图选定后，其他视图的选择可以考虑以下几点：

（1）根据零件的复杂程度和内、外结构的情况全面考虑所需要的其他视图，使每个视图有重点表达的内容，但要注意采用的视图数目不宜过多。

（2）要考虑合理地布置视图位置，既要使图样清晰、美观，又要利于图幅的充分利用。

三、零件图的尺寸标注

零件图上的尺寸是加工和检验零件的重要依据，是零件图的重要内容之一，是图样中指令性最强的部分。本章重点介绍标注尺寸的合理性。所谓尺寸标注的合理性，就是要求所标注的尺寸既要满足设计要求，又要符合生产实际，以便于制造及检验。但要使所标注的尺寸能真正做到工艺上合理，还需要有较丰富的生产实际经验和有关的机械制造知识。在零件图上标注尺寸时必须做到以下几点：

完整——尺寸标注必须做到尺寸数量完全（不重复、不遗漏）。

正确——尺寸标注必须符合国家标准《技术制图与机械制图》中的规定，做到标注规范、正确。

清晰——尺寸标注必须做到尺寸排列整齐、注写清晰和方便看图。

合理——尺寸标注必须做到尺寸基准选择合理。所标注的定形尺寸、定位尺寸既能保证设计要求，又能便于加工和测量。

1. 尺寸基准的选择

（1）尺寸基准的种类

1）设计基准　是指用以确定零件在部件中的位置的基准，如图7—4所示，图中 B 为

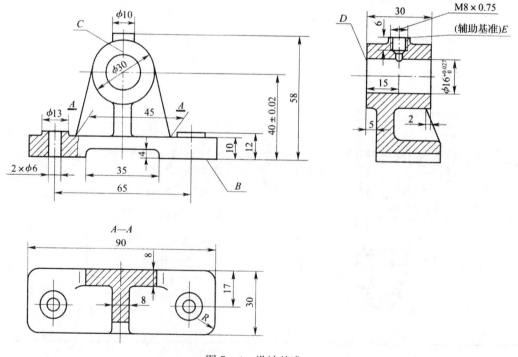

图7—4　设计基准

高度方向的设计基准，C 为长度方向的设计基准，D 为宽度方向的设计基准。

　　2）工艺基准　是指用以确定零件在加工或测量时的基准，如图 7—5 所示，图中 F 为工艺基准。

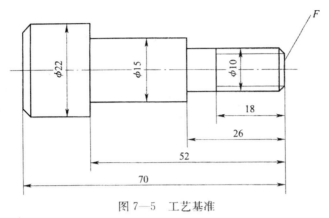

图 7—5　工艺基准

　　（2）尺寸基准的选择

　　1）选择原则　应尽量使设计基准与工艺基准重合，以减小尺寸误差，保证产品质量。

　　2）三向基准　任何一个零件都有长、宽、高三个方向的尺寸，因此，每一个零件也应该有三个方向的尺寸基准。

　　3）主辅基准　零件的某个方向可能会有两个或两个以上的基准。一般只有一个是主要基准，其他为次要基准，或称为辅助基准。应选择零件上重要几何要素作为主要基准。尺寸基准的选择如图 7—6 所示，图中底面为高度方向基准，对称面为长度方向基准，台面为辅助基准。

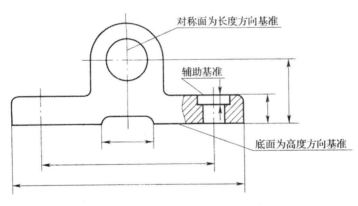

图 7—6　尺寸基准的选择

　　2. 合理标注尺寸的原则

　　（1）重要尺寸必须从设计基准直接注出

　　零件上凡是影响产品性能、工作精度和互换性的重要尺寸（如规格性能尺寸、配合尺寸、安装尺寸、定位尺寸等），都必须从设计基准直接注出，其标注形式如图 7—7 所示，图 a 为正确的标注形式，图 b 为错误的标注形式。

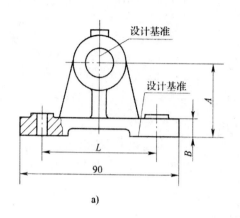

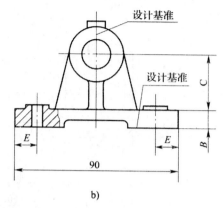

图7—7 重要尺寸的标注形式

a）正确 b）错误

（2）一般应避免注成封闭尺寸链

所谓尺寸链（见图7—8）就是指首尾相连的链状尺寸组。所谓环就是指组成尺寸链的每一个尺寸。

（3）适当考虑按加工顺序标注尺寸

零件上主要尺寸应从设计基准直接注出，其他尺寸应考虑按加工顺序从工艺基准开始标注，以便于工人看图、加工和测量，如图7—9所示为传动轴的尺寸标注方法。

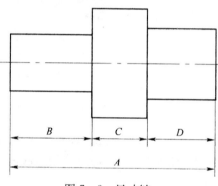

图7—8 尺寸链

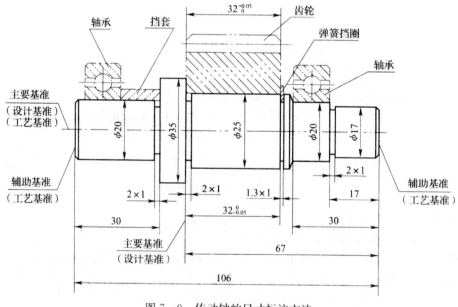

图7—9 传动轴的尺寸标注方法

（4）考虑测量的方便与可能

测量方便的尺寸标注方法如图7—10所示，图a为不容易测量，图b为容易测量。

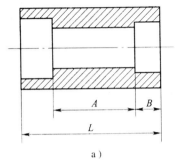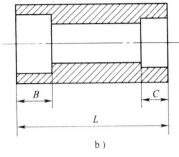

图7—10 测量方便的尺寸标注方法

a）不容易测量 b）容易测量

（5）关联零件间的尺寸应协调

关联零件的尺寸标注方法如图7—11所示，图a为标注合理的，图b为标注不合理的。

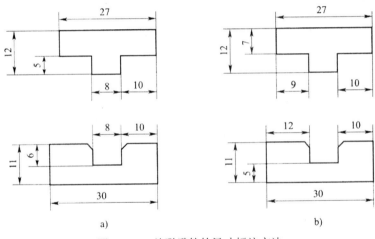

图7—11 关联零件的尺寸标注方法

a）合理 b）不合理

3. 零件上常见孔的尺寸标注

对于零件上的锥销孔、螺孔、销孔、沉孔和中心孔等结构，它们的尺寸注法见表7—1～表7—3。其中光孔的结构见表7—1，沉孔的结构见表7—2，螺纹孔的结构见表7—3。

表7—1 光孔的结构

机 构 类 型		普 通 注 法	旁 注 法		说 明
光孔	一般孔	4×φ5	4×φ5↓10	4×φ5↓10	4×φ5 表示四个孔的直径均为 5 mm

机 构 类 型		普 通 注 法	旁 注 法	说 明
光孔	精加工孔	$4\times\phi5^{+0.012}_{0}$ ，10，12	$4\times\phi5^{+0.012}_{0}\downarrow10$ ； $4\times\phi5^{+0.012}_{0}\downarrow10$	↓10 表示钻孔深度为 12 mm。钻孔后需加工至 $\phi5^{+0.012}_{0}$ mm，精加工深度为 10 mm
	锥销孔	锥销孔 $\phi5$	锥销孔 $\phi5$ ； 锥销孔 $\phi5$	$\phi5$ mm 为与锥销孔相配的圆锥销小头直径（公称直径）

表 7—2 　　　　　　　　　　　　　　沉孔的结构

机 构 类 型		普 通 注 法	旁 注 法	说 明
沉孔	锥形沉孔	90° $\phi13$ $6\times\phi7$	$6\times\phi7$ $\vee\phi13\times90°$ ； $6\times\phi7$ $\vee\phi13\times90°$	$6\times\phi7$ 表示 6 个孔的直径均为 7 mm。锥形部分大端直径为 13 mm，锥角为 90°
	柱形沉孔	$\phi12$ 5 $4\times\phi6.4$	$4\times\phi6.4$ $\sqcup\phi12\downarrow4.5$ ； $4\times\phi6.4$ $\sqcup\phi12\downarrow4.5$	四个柱形沉孔的小孔直径为 6.4 mm，大孔直径为 12 mm，深度为 4.5 mm
	锪平面孔	$\phi20$ $4\times\phi9$	$4\times\phi9\sqcup\phi20$ ； $4\times\phi9\sqcup\phi20$	锪平面 $\phi20$ mm 的深度不需标注，加工时锪平到不出现毛面为止

表 7—3　　　　　　　　　　　　　　　螺纹孔的结构

机 构 类 型		普 通 注 法	旁 注 法		说 明
螺纹孔	通孔	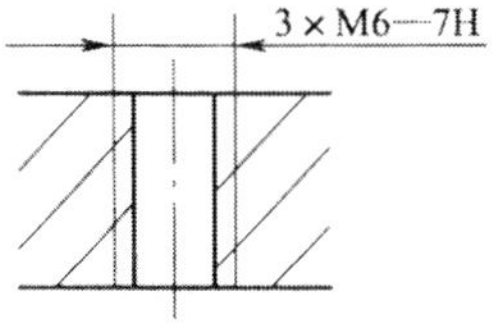 3×M6—7H	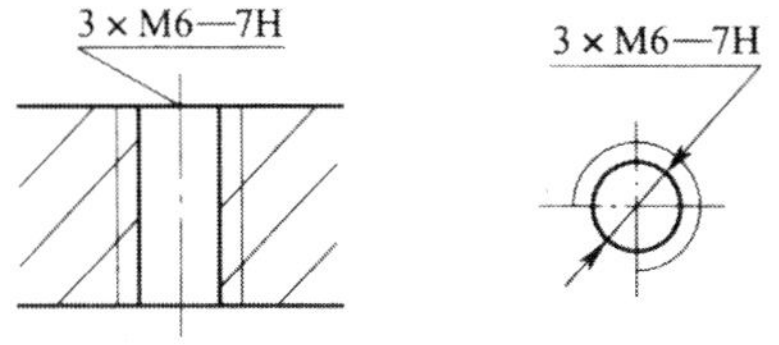 3×M6—7H	3×M6—7H	3×M6—7H 表示 3 个直径为 6 mm，螺纹中径、顶径公差带为 7H 的螺孔
	不通孔	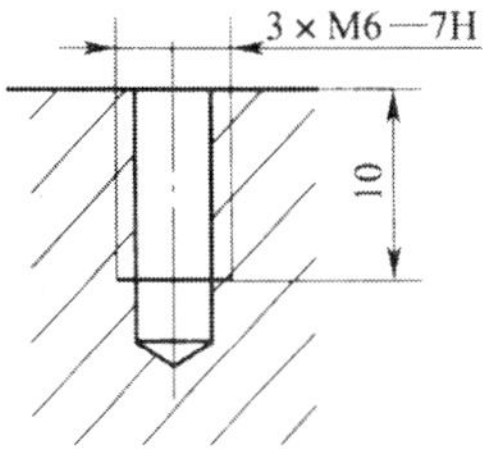 3×M6—7H 10	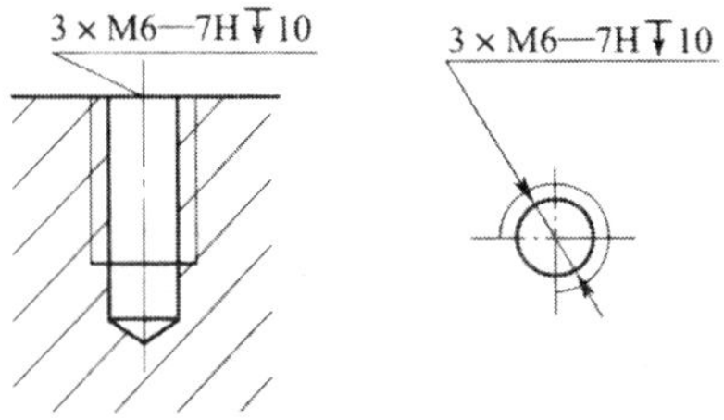 3×M6—7H▼10	3×M6—7H▼10	▼10 是指螺孔的有效深度尺寸为 10 mm，钻孔深度以保证螺孔有效深度为准，也可查有关手册确定
		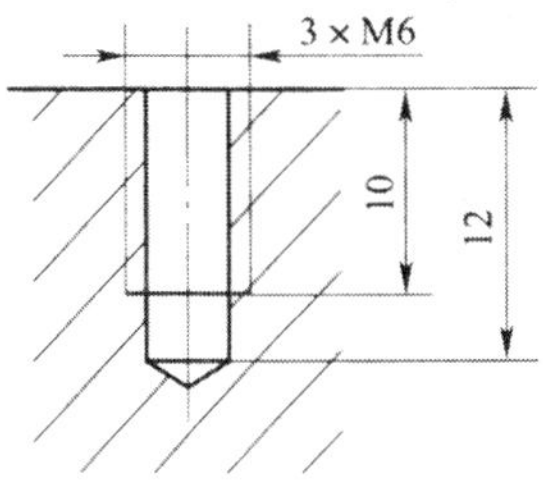 3×M6 10 12	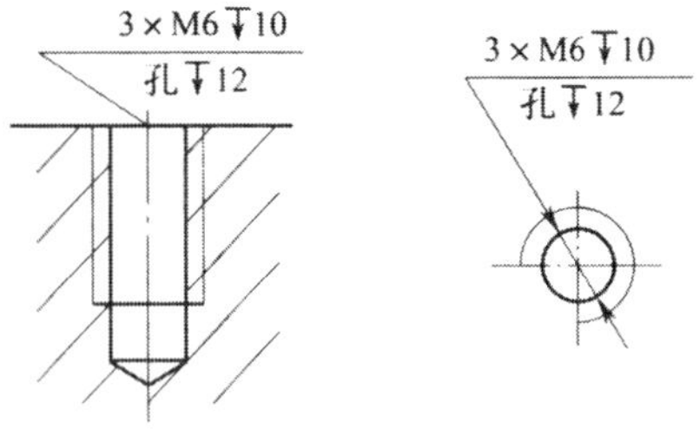 3×M6▼10 孔▼12	3×M6▼10 孔▼12	需要注出钻孔深度时，应明确标注出钻孔深度尺寸

四、装配图的尺寸标注及序号和明细栏

1. 装配图的尺寸标注

装配图和零件图的作用不一样，装配图上并不需要注出每个零件的尺寸。一般只标注以下几种尺寸：

（1）特征尺寸（规格尺寸）

特征尺寸是指说明机器（或部件）的规格或性能的尺寸。它是设计和用户选用产品的主要依据。

（2）装配尺寸

装配尺寸是指保证部件正确装配及说明装配要求的尺寸，它主要包括：

1）配合尺寸　表示零件间的配合性质和公差等级的尺寸，这种尺寸与部件的工作性能和装配方法有关。

2）相对位置尺寸　表示装配时需要保证的零件间相对位置的尺寸。如重要的间隙、距离、连接件的定位尺寸等。

（3）安装尺寸

安装尺寸是指将部件安装到其他零件、部件或基座上所需的尺寸。

（4）外形尺寸

外形尺寸是指表示部件或机器总长、总宽、总高的尺寸。

（5）其他重要尺寸

其他重要尺寸如图 7—12 所示，主要包括：

1）运动件的活动范围尺寸，如图 7—12 中的 210～240 mm。

2）非标准件上的螺纹尺寸，如图 7—12 中的 M12。

3）经计算确定的重要尺寸，如齿轮副的中心距等，以及其他一些设计、装配时必须保证的尺寸等。

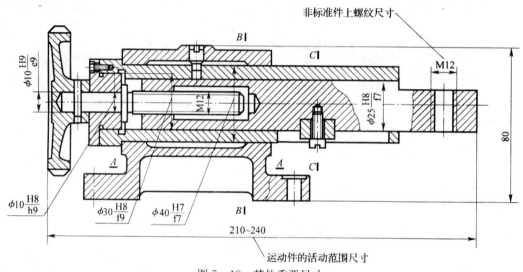

图 7—12　其他重要尺寸

必须指出：不是每一张装配图都具有上述尺寸，有时某些尺寸兼有几种意义。在装配图上标注尺寸时，应根据部件的作用反映设计者的意图。

2. 装配图中的序号和明细栏

（1）零件序号

装配图中所有零件、组件都必须编写序号，且相同零件或部件只有一个序号。零件的序号形式共有四种，如图 7—13 所示。

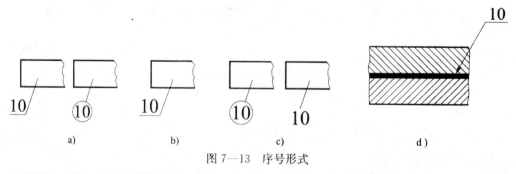

图 7—13　序号形式

编序号时用细实线向图外画指引线，在指引线的末端用细实线画一短横线或一小圆，指引线应通过小圆的中心，在短横线上或小圆内用阿拉伯数字编写零件的序号，序号的字体高度比尺寸数字大一号或两号，如图7—13a，b所示。

也可在指引线附近写序号，序号的字体高度比尺寸数字大一号或两号，如图7—13c所示。

当指引线从很薄的零件或涂黑的断面引出时，可画箭头指向该零件的轮廓，如图7—13d所示。

指引线不能相交，通过剖面区域时不能与剖面线平行。必要时允许曲折一次。

对于一组紧固件或装配关系清楚的组件，可采用公共指引线，如图7—14所示。

序号注在视图外，且按水平或垂直方向排列整齐，并按顺时针或逆时针顺序排列，序号的顺序如图7—14所示。

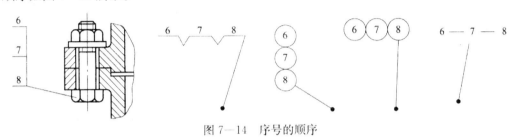

图7—14　序号的顺序

（2）明细栏

明细栏紧靠在标题栏上方，并顺序由下向上填写，当向上的位置不够时，可将明细栏的一部分移至紧靠标题栏的左方。明细栏的编号必须与装配图一一对应。供学习时使用的明细栏格式如图7—15所示。

8	油杯B12	1		GB/T 1154
7	螺母M12	4		GB/T 6170
6	螺栓M12×130	2		GB/T 8
5	轴衬固定套	1	Q235A	
4	上轴衬	1	QA19-4	
3	轴承盖	1	HT150	
2	下轴衬	1	QA19-4	
1	轴承座	1	HT150	
序号	名称	件数	材料	备注
齿轮油泵		比例		
		质量		
制图		（校　名）		
审核		专业　　班		

图7—15　明细栏格式

五、常见的零件工艺结构和装配结构

了解机器上一些常见的装配工艺结构和装置，在画装配图时，可使图样中的装配结构画得更为合理和可靠。在读装配图时，有助于理解部件的工作原理、装配关系以及零件的结构和形状。

1. 零件的工艺结构

（1）零件上的铸造结构

1）铸造圆角　铸件表面相交处应有铸造圆角（见图 7—16a），以免铸件冷却时产生缩孔或裂纹，同时防止脱模时型砂脱落。如图 7—16b，c 所示为铸件冷却时产生的缩孔和裂纹。

2）起模斜度　铸件在内、外壁沿起模方向应有斜度，称为起模斜度，如图 7—17 所示。当斜度较大时，应在图中表示出来，否则不予表示。

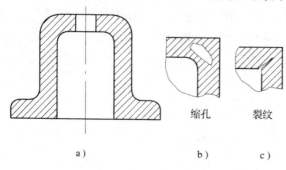

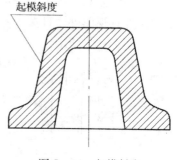

图 7—16　铸造圆角、缩孔和裂纹

a）铸造圆角　b）缩孔　c）裂纹

图 7—17　起模斜度

3）壁厚均匀　设计零件时壁厚要均匀（见图 7—18a）或逐渐过渡（见图 7—18b），否则容易造成如图 7—18c 所示的缩孔现象。

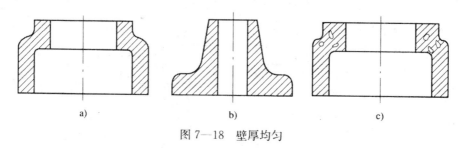

图 7—18　壁厚均匀

（2）机械加工工艺对零件结构的要求

1）倒角　倒角的作用是便于装配和保证操作安全，通常在轴及孔端部倒角，如图 7—19 所示，倒角角度常取 45°，也可以取 30°或 60°。

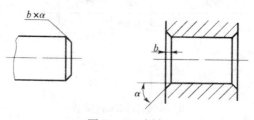

图 7—19　倒角

2）退刀槽和砂轮越程槽　退刀槽和砂轮越程槽的作用是便于退刀和确保零件轴向定位，如图 7—20 所示。其中图 7—20a，b 所示为退刀槽，图 7—20c 所示为砂轮越程槽。

3）凸台和凹台　凸台和凹台的作用是减少机械加工量及保证两表面接触良好，如图 7—21 所示。其中图 7—21a 所示为凸台，图 7—21b，c 所示为凹台。

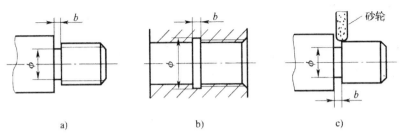

a)   b)   c)

图 7—20   退刀槽和砂轮越程槽

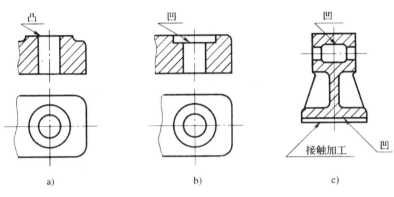

a)   b)   c)

图 7—21   凸台和凹台

2. 合理的装配工艺结构

为保证机器或部件的性能要求和零件加工与装拆的方便，在设计时必须考虑装配结构的合理性。常见的装配工艺结构见表7—4。

表 7—4　　　　　　　　　　　　　　　常见的装配工艺结构

说　　明	合　　理	不　合　理
为保证轴肩与孔端面接触，应将孔边倒角或在轴上加工槽	孔边倒角　　在轴上加工槽	端面无法靠近
两零件在同一方向上不应有两对面同时接触或配合		两对平面同时接触　　两对圆柱面同时接触

说　明	合　理	不　合　理
锥面配合时，锥体顶部与锥孔底部都必须留有间隙		圆锥面和端面同时接触
零件的结构及形状应考虑维修时拆卸方便，如箱体孔径过小或轴肩过高，均无法合理地拆卸滚动轴承		孔径过小　轴肩过高
在箱壁上预先加工孔或螺孔，则拆卸时就可用适当的工具或螺钉顶出套筒、轴承等		套筒无法拆出
为了便于拆卸，销孔应尽量做成通孔或选用带螺孔的销钉，销孔下部增加一小孔是为了排出被压缩的空气		

自我评价

 1. 零件图的内容有哪些?

 2. 零件图的作用是什么?

 3. 装配图的内容有哪些?

4. 装配图的作用是什么?
5. 尺寸基准的种类有哪些?
6. 零件的工艺结构有哪些?
7. 装配时有哪些结构容易出错?

第八章　机械图样的识读

教学目标

通过对图样的观察，了解各个零部件的几何形状、相对位置和结构特点，想象出零件的整体形状，并能够分析出零件的尺寸和技术要求。

实例导入

如图 8-1 所示为小轴的立体图，如果给出其零件图，应能想象出正确的立体形状。本模块就是锻炼学生的想象能力。

图 8-1　小轴

问题探究

1. 如何识读零件图？
2. 如何识读装配图？
3. 零件图的测绘步骤有哪些？

能力构建

一、读零件图

准确、熟练地识读零件图，是技术工人必须具备的基本功之一。识读零件图的目的是通过图样的表达方法想象出零件的形状及结构，理解每个尺寸的作用和要求，了解各项技术要求的内容和实现这些要求应该采取的工艺措施等，以便于加工出符合图样要求的合格的零件。

1. 识读零件图的方法和步骤

（1）概括了解

看标题栏，了解零件名称、材料和比例等内容。

（2）视图表达和结构及形状分析

分析零件各视图的配置及视图之间的关系。

（3）尺寸和技术要求分析

分析零件的长、宽、高三个方向的尺寸基准，分析尺寸的加工精度要求及其作用，理解所标注的尺寸公差、形位公差和表面粗糙度等技术要求。

（4）综合归纳

综合考虑视图、尺寸和技术要求等内容，对所读零件图形成完整的认识。

2. 典型零件读图举例

（1）轴套类零件

轴套类零件包括各种轴、套筒和衬套等，其主要作用是与传动件（如齿轮、带轮等）结合起来传递动力。

识读如图 8-2 所示的齿轮轴零件图。

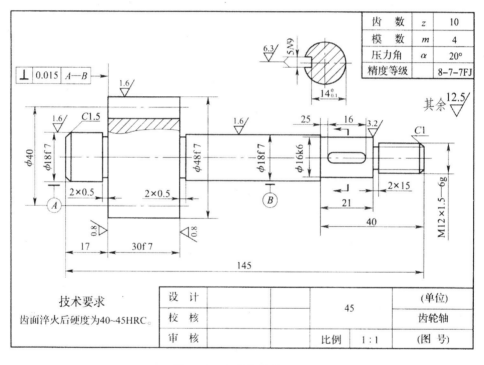

图 8-2 齿轮轴零件图

1）概括了解 从标题栏可知，齿轮轴按 1∶1 的比例绘制，材料为 45 钢。齿轮轴是齿轮泵中的主要零件之一，其右端通过键与传动轮连接，由垫圈和螺母紧固。

2）视图表达和结构及形状分析

主视图：零件主要在车床上加工，符合加工位置原则。

键槽等局部结构：一般用移出断面图来表达。退刀槽、越程槽等较小的结构可用局部放大图来表示。

3）分析尺寸 该齿轮轴的径向以水平轴线为基准，长度方向以齿轮的左端面为主要基准，以轴的左端面和右端面为辅助基准。

4）分析技术要求 该齿轮轴的配合表面均有尺寸公差要求，如 $\phi48f7$，$\phi18f7$，$\phi16h6$

等。同时表面质量要求也较高。齿轮的左端面还有垂直度要求。

（2）盘盖类零件

盘盖类零件的主体部分常由回转体组成，也可能是方形或组合形体。零件通常有键槽、轮辐、均布孔等结构，并且常有一个端面与部件中的其他零件相结合。

识读如图 8-3 所示的阀盖零件图。

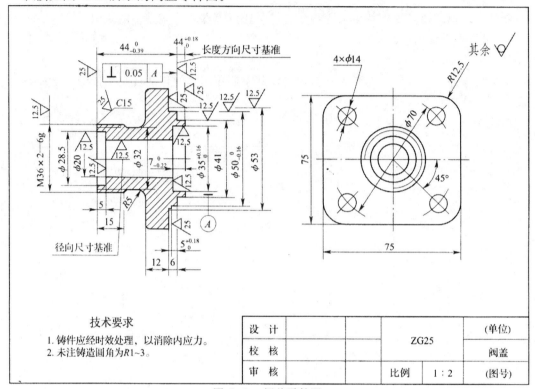

图 8-3　阀盖零件图

1）概括了解　从标题栏可知，该阀盖按 1∶1 的比例绘制，材料为铸造碳钢 ZG25。

2）视图表达和结构及形状分析

主视图：采用全剖视图，零件主要在车床上加工，符合加工位置原则。

左视图：表达带圆角的方形凸缘和四个均布孔的分布情况。

3）分析尺寸　该阀盖的径向以水平轴线为基准，长度方向以右端面为主要基准，以左端面为辅助基准。

4）分析技术要求　该阀盖的配合表面均有尺寸公差要求，如 $\phi 35^{+0.16}_{0}$ mm 和 $\phi 50^{0}_{-0.16}$ mm 等。由于相互间没有相对运动，表面质量要求并不高，其右端面还有垂直度要求。

（3）箱壳类零件

箱壳类零件主要起包容、支撑其他零件的作用，常有内腔、轴承孔、凸台、肋板、安装板、光孔、螺纹孔等结构。

识读如图 8-4 所示的泵体零件图。

1）概括了解　从标题栏可知，阀体按 1∶2 的比例绘制，材料为灰铸铁 HT150。泵体的内、外表面均有一部分需要进行切削加工。

2）视图表达和结构及形状分析　主视图是全剖视图，俯视图采取局部剖，左视图是外

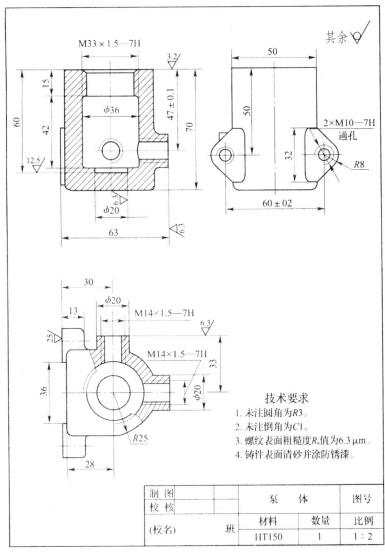

图 8-4　泵体零件图

形视图。从三个视图看，泵体由以下三部分组成：半圆柱形的壳体，其圆柱形的内腔用于容纳其他零件；两块三角形的安装板；两个圆柱形的进、出油口分别位于泵体的右边和后边。

3）分析尺寸　首先找出长、宽、高三个方向的尺寸基准，然后找出主要尺寸。长度方向的尺寸基准是安装板的端面。宽度方向的尺寸基准是泵体前、后对称面。高度方向的尺寸基准是泵体的上端面。（47±0.1）mm 和（60±0.2）mm 是主要尺寸，加工时必须保证。进、出油口及顶面螺孔尺寸 M14×1.5—7H 和 M33×1.5—7H 都是细牙普通螺纹。

4）分析技术要求　该泵体端面的表面粗糙度 R_a 值分别为 3.2 μm 和 6.3 μm，要求较高，以便对外连接紧密，防止漏油。

（4）叉架类零件

叉架类零件通常由工作部分、支撑部分及连接部分组成。形状比较复杂且不规则。零件上常有叉形结构、肋板以及孔和槽等。

识读如图 8-5 所示的拨叉零件图。

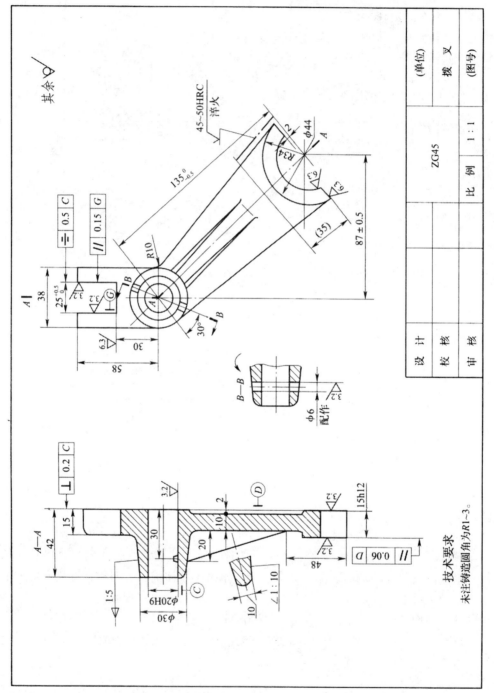

图 8-5 拨叉零件图

1) 概括了解　拨叉是机床或内燃机等机器上操纵机器或调节速度的零件。从标题栏可知，该拨叉按 1∶1 的比例绘制，材料为铸造碳钢 ZG45。

2) 视图表达和结构及形状分析　如图 8-5 所示的拨叉零件图采用了两个基本视图，一个局部视图和一个移出断面图。

主视图采用了两个相交平面剖切的全剖视图，用以表达阀体的空腔结构。

左视图表达拨叉的外形及 $B—B$ 剖视图的剖切位置。

$B—B$ 局部剖视图表达圆台壁上的销孔。

3) 分析尺寸　该拨叉的长度方向的尺寸基准为拨叉的右端面，宽度和高度方向以圆台上 $\phi20H9$ 的孔的轴线为基准。

4) 分析技术要求　该拨叉的主要尺寸均有尺寸公差要求，如宽度尺寸 $25^{+0.5}_{0}$ mm、圆台上的孔 $\phi20H9$ 等。表面质量要求也较高，左视图上用粗点画线表示的尺寸范围内有局部热处理要求。

现将前面所讲述的四种典型零件的功用和范围、结构特征、视图表达、尺寸标注和技术要求等进行归纳，以供参考，典型零件分析见表 8-1。

表 8-1　　　　　　　　　　　　　　　典型零件分析

零件特点及表达方法分析	零件类别			
	轴套类	盘盖类	箱壳类	叉架类
功用和范围	主要是用来传递运动和支撑传动件，一般包括轴、丝杆、阀杆、曲轴、套筒、轴套等	主要作用是传递运动、连接、支撑和密封，一般包括手轮、齿轮、法兰盘、端盖等	是机器和部件的主体零件，用来容纳、支撑和固定其他零件，一般包括阀体、泵体、箱体、机座等	用来操纵、调节、连接和支撑，一般包括拨叉、摇臂、拉杆、连杆、支架、支座等
结构特征	主要由同轴圆柱体和圆锥体组成，其长度远大于直径。零件上常有台阶、螺纹、键槽、退刀槽、销孔、中心孔、倒角、倒圆等结构	主要形体是回转体，也可能是方形或组合形体，其轴向长度小于直径。常见结构有轴孔、键槽、退刀槽、倒角、凸台、凹坑以及均匀分布的孔、轮辐、肋板等	为空心壳体，其上常有轴孔、接合面、螺孔、销孔、凸台、凹坑、加强肋及润滑系统等结构	形状不规则且复杂，零件由以下三部分组成：1. 工作部分——用以传递预定动作 2. 支撑部分——用以支撑、安装或固定零件本身 3. 连接部分——用以连接零件本身的工作部分和支撑部分
视图表达	一般只选取一个主视图，零件轴线水平放置。局部细节结构常采用局部视图、局部剖视图、断面图及局部放大图等表达	常选用主视图、左视图（或主视图、俯视图）两个基本视图。主视图一般采用剖视图，主要轴线水平放置。局部细节结构常采用剖视图、断面图或简化画法表达	通常要用三个以上的基本视图。主视图多用剖视图，以突出内部形状及结构，常以工作位置安放进行投影，再配以其他辅助视图，并需恰当而灵活地运用各种视图、剖视图、断面图等方法进行表达	一般选用 2~3 个基本视图，主视图常选能突出工作部分和支撑部分的结构及形状，按工作位置或自然位置安放进行投影。连接部分和细节部分结构则用局部视图、斜视图、各种剖视图、断面图等表达

零件特点及表达方法分析	零件类别			
	轴套类	盘盖类	箱壳类	叉架类
尺寸标注	一般选取零件轴线为径向尺寸基准（高、宽方向），台阶端面为轴向（长度方向）尺寸的主要基准。一般无径向定位尺寸，轴向尺寸应首先保证设计尺寸，其他尺寸按加工要求和顺序标注	常选取零件的轴线为径向尺寸的主要基准，重要端面（安装接合面）为轴向尺寸的主要基准。径向均匀分布的孔的定位圆直径是较突出的定位尺寸	通常以轴、孔的中心线，对称平面，安装接合面及基面为主要尺寸基准。定位尺寸更多，有些定位尺寸常有公差要求	一般以安装基面、对称平面、孔中心线、轴线为主要尺寸基准。各方向的定位尺寸较多，往往还有角度定位尺寸
技术要求	有配合的轴颈和一些重要轴向尺寸应有较高的尺寸精度要求。一般加工表面均有表面质量要求，配合表面的表面质量要求较高，表面粗糙度 R_a 值达到 0.4～1.6 μm或更小。配合轴颈与重要端面之间有形位公差要求	有配合的轴、孔尺寸精度要求较高。配合的内、外表面及轴向定位端面表面质量要求较高，表面粗糙度 R_a 值达到 1.6～3.2 μm。有配合要求的内、外表面有同轴度要求，与其他运动件相接触的表面有垂直度或跳动公差要求	箱壳类零件的轴、孔在尺寸精度、表面质量、形位公差等方面有较高的全面要求，其他重要接合面和安装基面有较高的表面质量要求。轴、孔之间，轴、孔与重要基面之间有一定的尺寸公差和形位公差要求	一般尺寸精度、表面粗糙度和形位公差均有特殊要求。有时重要的轴、孔有较高的尺寸精度要求。轴、孔之间，或轴、孔与安装基面之间有形位公差要求

二、读装配图

在工业生产中，无论是机器或部件的设计与制造、技术交流，或是使用、维修过程中都要用到装配图。因此，从事工程技术的工作人员都必须能读懂装配图。下面以阅读如图8-6所示的球心阀装配图为例进行说明。

1. 概括了解

（1）从标题栏、明细栏中可以看出，该球心阀共有11种零件，其中标准件为两种，其余为非标准件。

（2）从球心阀这个名称可以得知，该部件用于管道系统中控制液体流量的大小，起开、关控制作用。

（3）该装配体共用了三个基本视图来表示：

主视图——通过阀的两条装配干线进行了全剖视，这样绝大多数零件的位置及装配关系就基本上表达清楚了。

左视图——A-A剖视图，左半部分表示阀体接头中部的断面形状及阀体接头与阀体连接部分的方形外形；右半部分表示阀体8的断面形状及阀体与球心、阀杆的装配情况；还可见阀体8右端法兰的圆形外形及法兰上安装孔的位置。

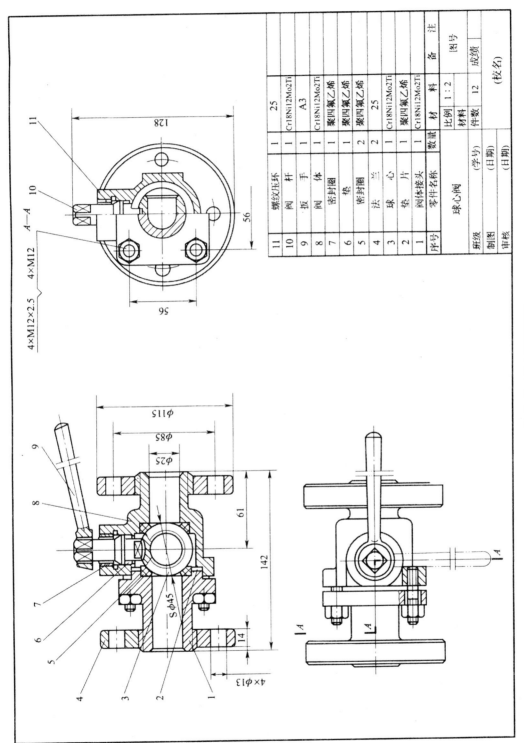

11	螺纹压环	1	25	
10	阀 杆	1	Cr18Ni12Mo2Ti	
9	扳 手	1	A3	
8	阀 体	1	Cr18Ni12Mo2Ti	
7	密封圈	1	聚四氟乙烯	
6	垫	1	聚四氟乙烯	
5	密封圈	2	聚四氟乙烯	
4	法 兰	2	Cr18Ni12Mo2Ti	
3	球 心	1	25	
2	垫 片	1	聚四氟乙烯	
1	阀体接头	1	Cr18Ni12Mo2Ti	
序号	零件名称	数量	材 料	备 注

球心阀	比例	1:2	图号	
	件数	12		
	材料		成绩	
班级	(学号)		(校名)	
制图	(日期)			
审核	(日期)			

4×M12×2.5   4×M12   A—A

128

56

56

11
10

Sφ45
φ25
φ85
φ115

61
142
14
4×φ13

9
8
7
6
5
4
3
2
1

A
A

图 8-6　球心阀装配图

俯视图——表示出了整个球心阀的俯视情况、A—A剖视图的具体剖切位置、**阀体与阀体接头的双头螺柱连接方式以及阀的开启与关闭时扳手的两个极限位置**（图中扳手画粗实线表示关闭状态，画细双点画线表示开启状态）。

2. 详细分析

（1）分析装配干线

$\phi25$ mm孔的轴线方向为主要装配干线。该装配干线由阀体8、球心3、**阀体接头1、法兰**4及密封圈5、垫片2、螺柱、螺母等零件构成。

阀杆轴线方向为另一重要装配干线。该装配干线由扳手9、阀杆10、**螺纹压环11**、密封圈7、垫6等零件组成。

（2）分析主要零件

1）法兰4　法兰内孔螺纹与阀体接头相连，周围有四个与其他管道相连接的螺栓过孔。

2）阀体接头1　其左端外部为台阶圆柱结构，有与法兰4相连接用的外螺纹。其右端为方板结构，上面有四个螺栓过孔，最右端有一小圆筒凸台，与阀体8左端的台阶孔相配合，起径向定位作用。右端的内台阶孔起密封圈5的径向定位作用。零件中心为$\phi25$ mm的通孔，是流体的通路。

3）球心3　该零件是直径为45 mm的球体，其上加工有一直径为25 mm的通孔，球心上方有一弧状方槽，与阀杆10的下端相接合。球心的位置受阀杆位置控制，从而控制流体的流量。

4）密封圈5　该零件为环形，用有机材料聚四氟乙烯制成，该材料耐磨、耐腐蚀，是良好的密封材料。

5）阀体8　它除了具有阀体接头1的作用外，还具有容纳球心、密封圈、阀杆、垫、螺纹压环等零件的重要作用。

6）阀杆10　该零件为台阶轴类零件。其上端为四棱柱结构，用来安装扳手。其最下端为平行扁状结构，插入球心上的方槽内，转动阀杆可控制球心的位置。

7）扳手9　该零件形状比较简单，其作用是用来带动阀杆转动。

（3）分析尺寸

规格尺寸——$\phi25$ mm；

装配尺寸——61，56，$S\phi45$ mm；

安装尺寸——$\phi85$，$4\times\phi13$，14，$\phi115$ mm；

外形尺寸——142，$\phi115$，128 mm。

3. 归纳总结

（1）球心阀的安装及工作原理

通过球心阀左、右两端法兰上的孔，用螺栓即可将球心阀安装并固定在管路上。

在图示情况下，球心内孔的轴线与阀体及阀体接头内孔的轴线呈垂直相交状态。此时液体通路被球心阻塞，呈关闭断流状态。若转动扳手9，扳手左端的方孔带动阀杆旋转，阀杆带动球心旋转，球心内孔与阀体内孔、阀体接头内孔逐渐接通。当扳手旋转至90°时，球心内孔的轴线与阀体内孔、阀体接头内孔的轴线重合。此时液体的阻力最小，流过阀的流量最大。

（2）球心阀的装配结构

球心阀零件间的连接方式均为可拆连接。因该部件工作时不需要高速运转，故不需要润滑。由于液体容易泄漏，因此需要密封，球心处和阀杆处都进行了密封。

（3）球心阀的拆装顺序

拆卸时，可先拆下扳手 9、螺纹压环 11、阀杆 10 及密封圈 7 和垫 6，然后拆下 4 个 M12 的螺母，即可将球心阀解体。装配时和拆卸顺序相反。

三、零件的测绘

1. 零件测绘的过程、意义和要求

（1）零件测绘的过程和意义

根据已有的零件，不用或只用简单的绘图工具，用较快的速度，徒手目测画出零件的视图，测量并注上尺寸及技术要求，得到零件草图。然后参考有关资料整理并绘制出供生产使用的零件工作图，这个过程称为零件测绘。

零件测绘对推广先进技术，改造现有设备，进行技术革新，修配零件等都有重要作用。

（2）零件测绘的要求

测绘零件大多在车间现场进行，由于场地和时间限制，一般都不用或只用少量简单的绘图工具，徒手目测绘出图形，其线型不可能像用直尺和仪器绘制得那样均匀、挺拔，但绝不能马虎、潦草，而应努力做到线型明显、清晰，内容完整，投影关系正确，比例匀称，字迹工整。

2. 画零件图的步骤和方法

（1）画图前的准备

1）了解零件的用途、结构特点、材料及相应的加工方法。

2）分析零件的结构及形状，确定零件的视图表达方案。

（2）画图方法和步骤

以画如图 8-7 所示的端盖的零件图为例。

1）定图幅　根据视图数量和大小，选择适当的绘图比例，确定图幅大小。

2）画图框和标题栏　根据所选择图幅的相应尺寸画出图框和标题栏，如图 8-8 所示。

图 8-7　端盖

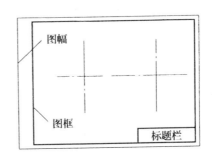

图 8-8　图框、标题栏及布置视图

3）布置视图　根据各视图的轮廓尺寸，画出确定各视图位置的基线。画图基线主要包括对称线、轴线及某一基面的投影线，如图 8-8 所示。各视图之间要留出标注尺寸的位置。

4）画底稿　按投影关系逐个画出各个形体。端盖的底稿如图 8-9 所示。

要领：先画主要形体，后画次要形体；先定位置，后定形状；先画主要轮廓，后画细节。

5）加深　经检查无误后，加深各视图并画剖面线。

6）完成零件图　标注尺寸、表面粗糙度及尺寸公差等，填写技术要求和标题栏，得到如图 8-10 所示的端盖零件图。

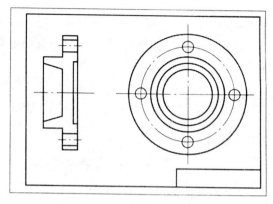

图 8-9　底稿

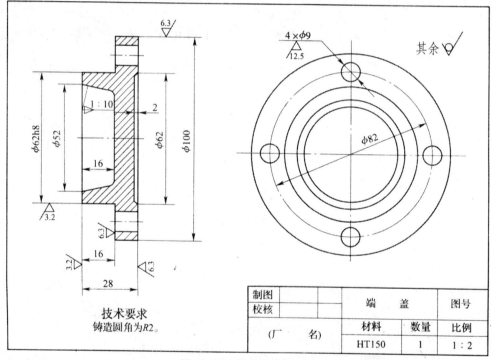

图 8-10　端盖零件图

自我评价

1. 读零件图的步骤有哪些？

2. 识读如图 8-11 所示的轴零件图，并回答下列问题。

（1）分析图形并想象出图的形状，作出 C—C 的移出断面图。

（2）分析尺寸，找出该轴长、宽、高三方向的尺寸基准。

（3）把用文字说明的形位公差用代号和框格形式注在图上。

3. 读装配图的步骤有哪些？

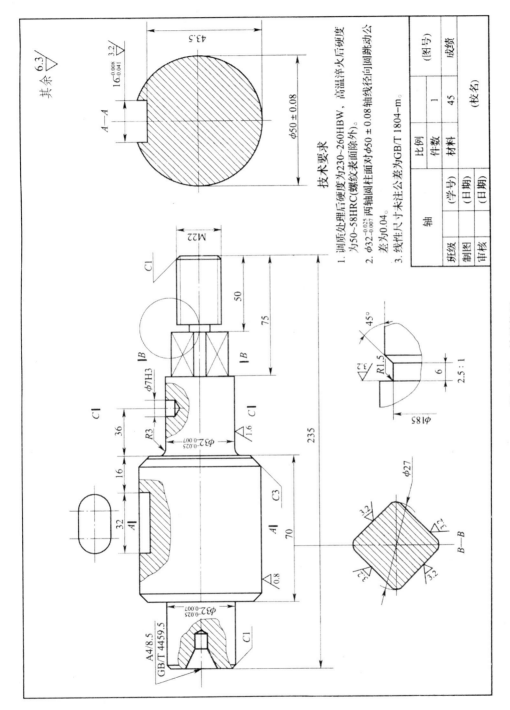

技术要求

1. 调质处理后硬度为230~260HBW，高温淬火后硬度为50~58HRC(螺纹表面除外)。
2. φ32⁻⁰·⁰²⁵⁻⁰·⁰⁰⁷两轴间圆柱面对φ50±0.08轴线径向圆跳动公差为0.04。
3. 线性尺寸未注公差为GB/T 1804-m。

轴		比例		(图号)	
		件数	1		
		材料	45	成绩	
班级				(校名)	
制图	(学号)	(日期)			
审核		(日期)			

图 8-11 轴零件图

参考文献

[1]钱可强.机械制图[M].北京:中国劳动社会保障出版社,2007.

[2]杨克等.机械制图[M].北京:中国劳动社会保障出版社,2008.

[3]莫新鉴,闭克辉.机械制图[M].北京:电子工业出版社,2010.